VOYAGE

DANS

L'AMÉRIQUE MÉRIDIONALE

(LE BRÉSIL, LA RÉPUBLIQUE ORIENTALE DE L'URUGUAY, LA RÉPUBLIQUE ARGENTINE, LA PATAGONIE, LA RÉPUBLIQUE DU CHILI, LA RÉPUBLIQUE DE BOLIVIA, LA RÉPUBLIQUE DU PÉROU),

EXÉCUTÉ PENDANT LES ANNÉES 1826, 1827, 1828, 1829, 1830, 1831, 1832 ET 1833,

PAR

ALCIDE D'ORBIGNY,

DOCTEUR ÈS SCIENCES NATURELLES DE LA FACULTÉ DE PARIS; CHEVALIER DE L'ORDRE ROYAL DE LA LÉGION D'HONNEUR, DE L'ORDRE DE S. WLADIMIR DE RUSSIE, DE LA COURONNE DE FER D'AUTRICHE; OFFICIER DE LA LÉGION D'HONNEUR BOLIVIENNE; MEMBRE DES SOCIÉTÉS PHILOMATHIQUE, DE GÉOLOGIE, DE GÉOGRAPHIE ET D'ETHNOLOGIE DE PARIS; MEMBRE HONORAIRE DE LA SOCIÉTÉ GÉOLOGIQUE DE LONDRES; MEMBRE DES ACADÉMIES ET SOCIÉTÉS SAVANTES DE TURIN, DE MADRID, DE MOSCOU, DE PHILADELPHIE, DE RATISBONNE, DE MONTEVIDEO, DE BORDEAUX, DE NORMANDIE, DE LA ROCHELLE, DE SAINTES, DE BLOIS, ETC.; AUTEUR DE LA PALÉONTOLOGIE FRANÇAISE, ETC.

Ouvrage dédié au Roi,

et publié sous les auspices de M. le Ministre de l'Instruction publique

(commencé sous le ministère de M. Guizot).

TOME CINQUIÈME.

2.e Partie : POISSONS.

PARIS,

CHEZ P. BERTRAND, ÉDITEUR,

Libraire de la Société géologique de France,

RUE SAINT-ANDRÉ-DES-ARCS, 65.

STRASBOURG,

CHEZ V.e LEVRAULT, RUE DES JUIFS, 33.

1847.

STRASBOURG, IMPRIMERIE DE VEUVE BERGER-LEVRAULT

POISSONS,

PAR

M. VALENCIENNES.

1847.

VOYAGE

DANS

L'AMÉRIQUE MÉRIDIONALE.

POISSONS.

CATALOGUE

DES PRINCIPALES ESPÈCES DE POISSONS,

RAPPORTÉES DE L'AMÉRIQUE MÉRIDIONALE

PAR M. D'ORBIGNY.

La nécessité de publier très-succinctement les dernières feuilles du Voyage de M. d'Orbigny, a forcé de ne donner qu'un simple catalogue des principales espèces de poissons d'eau douce. Les lecteurs pourront juger par cette liste, combien les recherches faites dans ce voyage auraient enrichi l'Ichthyologie. Toutefois, les documens précieux que M. d'Orbigny a recueillis ne seront pas perdus pour la science; car, s'il a le regret de ne pas jouir de la juste récompense de ses fatigues, en voyant tous ses matériaux prendre, dans la relation de son Voyage, la place importante qu'ils devaient y tenir, ce savant voyageur a eu la consolation d'en voir publier la plus grande partie d'abord par M. Cuvier, puis par M. Valenciennes, qui consigne toutes les remarques importantes de M. d'Orbigny dans l'*Histoire naturelle des poissons*.

FAMILLE DES SILUROÏDES.

Genre BAGRE.

Le BAGRE DE COMMERSON, *Bagrus Commersoni*, Valenc., Poiss., t. XIV, p. 449; *Pimelodus Commersoni*, Lacép.; *Pimelodus barbus*, Lacép.; Atlas d'Orb., pl. III, fig. 1.

Cette espèce, prise par M. d'Orbigny dans les mêmes lieux où Commerson avait dessiné et observé le même poisson, était importante à retrouver, car elle a servi à reconnaître un des doubles emplois de Lacépède.

Genre PLATYSTOME.

Le PLATYSTOME DE D'ORBIGNY, *Platystoma Orbignyanum*, Valenc., Hist. nat. des poiss., t. XVII, p. 12; Atlas de d'Orb., pl. IV, fig. 3.

Grande et belle espèce de Buenos-Ayres, sur laquelle M. d'Orbigny a rapporté des notes fort intéressantes et dont il a permis de donner un extrait dans l'Histoire naturelle des poissons.

Le PLATYSTOME PANTHÈRE, *Platystoma pantlhale*, Valenc., Hist. nat. des poiss., t. XVII, p. 15; Atlas de d'Orb., pl. IV, fig. 2.

Espèce nouvelle, découverte par M. d'Orbigny et qui devient énorme; c'est d'après ses exemplaires qu'elle a été décrite.

Genre ARIUS.

L'ARIUS MOROTI, *Arius Moroti*, Val.; *Arius albidus*, Atlas de d'Orb., pl. III, fig. 2; *Arius albicans*, Valenc., Hist. nat. des poiss., t. XVII, p. 80.

Cette belle espèce, découverte par M. d'Orbigny, s'appelle *Mondii-moroti* par les Guaranis. Je préfère prendre ce nom pour fixer sa nomenclature, parce que l'épithète d'*albidus* ou d'*albicans* a déjà été employée par Spix ou par Lesueur.

L'ARIUS NOIRATRE, *Arius nigricans*, Val., Hist. nat. des poiss., t. XVII, p. 83; Atlas de d'Orb., pl. III, fig. 3.

Cette espèce, voisine de la précédente, ne paraît pas distinguée par les habitans.

Genre PIMELODE.

Le PIMELODE MANGURU, *Pimelodus manguru*, Valenc., Poiss., t. XVII, p. 156; Atlas de d'Orb., pl. I, fig. 2.

Grande et belle espèce de pimelode importante à connaître, parce qu'elle est un produit de pêche profitable. M. d'Orbigny a donné des détails intéressans sur les habitudes de ce poisson.

Le PIMELODE TACHETÉ, *Pimelodus maculatus*, Lacép., t. V, p. 94 et 107; Atlas de d'Orb., pl. I, fig. 4—6.

Espèce zoologique importante, qui s'étend depuis la Plata jusqu'au Mexique, puisqu'elle habite aussi la lagune de Maracaïbo.

Le PIMELODE PATI, *Pimelodus pati*, Val., Poiss., t. XVII, p. 176; Atlas de d'Orb., pl. I, fig. 7—9.

Grande et belle espèce, qui a servi à reconnaître un dessin de poissons manuscrits du père Feuillée : c'est le *pati* des habitans de Corrientes.

Le PIMELODE LOTE, *Pimelodus mustellinus*, Valenc., Poiss., XVII, p. 165; Atlas de d'Orb., pl. XI, fig. 1.

Espèce remarquable par sa forme allongée.

Le PIMELODE SAPO, *Pimelodus sapo*, Val., Poiss., XVII, p. 179; Atlas de d'Orb., pl. XI, fig. 3.

Espèce découverte par M. d'Orbigny. Le nom de *sapo* lui est donné par les habitans qui le comparent à un crapaud.

Le PIMELODE GRÊLE, *Pimelodus gracilis*, Val., Poiss., XVII, p. 181; Atlas d'Orb., pl. XI, fig. 3.

Cette jolie espèce, découverte par M. d'Orbigny, est remarquable par sa longue adipeuse, ses barbillons grêles, et par le lobe de sa caudale.

GENRE AGÉNÉIOSE.

L'AGÉNÉIOSE ARMÉ, *Ageneiosus militaris*, Lacép.; Atlas d'Orb., pl. IV, fig. 1; *Silurus militaris*, Bloch; Val., Poiss., XV, p. 240.

Espèce dont M. d'Orbigny a reconnu le mâle et la femelle et qui nous a servi à fixer les caractères de ce genre, fort imparfaitement énoncés par Lacépède.

GENRE DORAS.

Le DORAS TACHETÉ, *Doras maculatus*, Val., Poiss., XV, p. 281; *Doras punctatus*, Val. *apud* Humb., Obs. zool.; Atlas d'Orb., pl. V, fig. 3.

Les notes recueillies par M. d'Orbigny ont complété l'histoire naturelle de cette espèce, qui habite l'Amérique depuis la Plata jusqu'à l'Orénoque.

GENRE CALLICHTHES.

Le CALLICHTHE LISSE, *Callichthys lævigatus*, Val., Poiss., XV, p. 314; Atlas d'Orb., pl. V, fig. 2.

Espèce qui habite l'Amérique depuis Corrientes jusque dans les eaux douces des îles des Antilles, car nous l'avons de la Trinité.

Le CALLICHTHE PONCTUÉ, *Callichthys punctatus*, Val., Poiss., XV, p. 318; Atlas d'Orb., pl. V, fig. 3.

Cette espèce a été fort importante à rapporter, car elle a servi à expliquer ce que M. de Lacépède entendait par son *Corydoras Geoffroy*, décrit d'après un exemplaire mal conservé.

Genre LORICAIRE.

La LORICAIRE PETITE VIEILLE, *Loricaria vetula*, Val., Poiss., XV, p. 466; Atlas d'Orb., pl. VI, fig. 2.

Espèce remarquable et importante pour les ichthyologistes, car elle a servi à déterminer l'*Esturgeon cuirasse de la rivière de la Plata*, dessiné par Commerson.

La LORICAIRE VIEILLE, *Loricaria anus*, Valenc., Poiss., XV, p. 470; Atlas d'Orb., pl. VI, fig. 1.

Belle espèce nouvelle, découverte par M. d'Orbigny. Les habitans l'appellent *vieille.*

La LORICAIRE TACHETÉE, *Loricaria maculata*, Bl.; Atlas d'Orb., XV, p. 473.

Poisson qui nous a servi à reconnaître l'espèce de Bloch : c'est l'*Ibera-tingay* des Missions.

Genre HYPOSTOME.

L'HYPOSTOME DE COMMERSON, *Hypostomus Commersoni*, Val., XV, p. 495; Atlas d'Orb., pl. VII, fig. 2.

C'est encore un poisson dont on doit savoir gré à M. d'Orbigny de l'avoir rapporté. Il a été dessiné par Commerson sous le nom d'*Esturgeon de la Ensenada*, et confondu par Lacépède avec le *Loricaria plecostomus.* M. d'Orbigny a fait des observations intéressantes sur ce poisson.

L'HYPOSTOME ITACUA, Val., Poiss., XV, p. 505; Atlas d'Orb., pl. VII, fig. 1.

Ce nom vient de *yaru itacua,* ce qui veut dire, selon M. d'Orbigny, grand'mère des trous de pierres.

L'HYPOSTOME AUX FILETS CHARNUS, *Hypostomus cirrhosus*, Val., Poiss., XV, 511; Atlas d'Orb., pl. VII, fig. 3.

Très-belle espèce, découverte par M. d'Orbigny et qui avoisine beaucoup celle des affluens de l'Apurimac, une des grandes sources de l'Amazone.

FAMILLE DES CLUPÉOÏDES.

Genre PELLONE.

La PELLONE DE D'ORBIGNY, *Pellone Orbignyanum*, Valenc., Poiss., t. XX, p. 302; *Pristigaster flavipinnis*, Val.; Atl. de d'Orb., pl. X, fig. 2.

Ce poisson a la plus grande ressemblance avec les Pristigastres, et comme à l'époque où j'ai fait graver cette espèce nouvelle je n'avais pas encore étudié les Clupéoïdes comme je l'ai fait aujourd'hui, j'avais pensé qu'il pouvait y avoir des espèces de ce genre avec des ventrales, et d'autres sans ventrales; mais comme avec l'absence des ventrales il y a d'autres caractères que je tire de la dentition et de l'extension de l'anale, je n'ai pas balancé à faire de ce poisson découvert par M. d'Orbigny le type d'un genre dont il y a plusieurs autres espèces dans les Indes.

Le nom de pellone est celui que porte l'espèce à Buenos-Ayres. Je n'ai pas besoin de dire pourquoi je l'ai dédié au zélé voyageur qui l'a procuré à la science.

FAMILLE DES SALMONOÏDES.

GENRE CURIMATE.

LE CURIMATE AUX DENTS AIGUËS, *Curimates acutidens*, Valenc.; Atlas d'Orb., pl. VIII, fig. 1.

Cette espèce se distingue par sa haute et large dorsale, son corps couvert, et par ses deux taches seules visibles, car celle de la base de la caudale est peu visible.

LE CURIMATE AUX DENTS OBTUSES, *Curimatus obtusidens*, Val.; Atlas d'Orb., pl. VIII, fig. 2.

Se reconnaît à côté de la précédente par ses dents obtuses et parce que ses taches, moins grandes, sont toutes les trois bien marquées.

GENRE PACA.

LE PACU RAYÉ, *Pacu lineatus*, Val.; Atlas d'Orb., pl. VIII, fig. 3.

Ce poisson se distingue des curimates, avec lequel Cuvier les confondait, parce qu'il n'a pas de dents; ses lèvres sont grosses et charnues. Il y a plusieurs espèces de ce genre reconnues par Spix.

GENRE HYDROCYN.

L'HYDROCYN ARGENTÉ, *Hydrocyon argenteus*, Val.; Atlas d'Orb., pl. IX, fig. 1.

Ce poisson, remarquable par sa longue anale, est voisin de l'*Hydrocyon falcatus* de Cuvier, dont M. Muller pense devoir faire un genre. On ne peut, dans ce catalogue abrégé, discuter l'opinion d'une si imposante autorité.

L'HYDROCYN HEPSET, *Hydrocyon hepsetus*, Val.; Atlas d'Orb., pl. IX, fig. 2.

Ce poisson, voisin du précédent, serait du même genre que lui. Il s'en distingue spécifiquement par sa petite anale et par ses couleurs.

L'HYDROCYN HUMÉRAL, *Hydrocyon humeralis*, Atlas d'Orb., pl. XI, fig. 2.

Est encore une espèce voisine des précédentes, car elle tient de l'une par ses couleurs, et de l'autre par sa longue anale.

L'HYDROCYN AUX PETITES DENTS, *Hydrocyon brevidens*, Atlas d'Orb., pl. IX, fig. 3.

Est une espèce décrite et figurée par M. Cuvier et dont M. Muller fait un genre distinct des autres hydrocyns.

Genre SERRASALME.

Le SERRASALME BORDÉ, *Serrasalme marginatus*, Val.; Atlas d'Orb., pl. X, fig. 1.

Ce serrasalme, remarquable par son anale bordée, est une jolie espèce due aux habiles recherches de M. d'Orbigny.

Genre TÉTRAGONOPTÈRE.

Le TÉTRAGONOPTÈRE AUX PIEDS ROUX, *Tetragonopterus rufipes*, Valenc.; Atlas d'Orb., pl. XI, fig. 1.

L'espèce à corps élevé, à dorsale pointue, se distingue du Serrasalme par son ventre sans carène dentelée.

Genre SAURUS.

Le SAURUS TACHETÉ, *Saurus meleagrides*, Val.; Atlas d'Orb., pl. XI, fig. 3.

Je laisse encore dans ce catalogue le genre Saurus parmi les poissons de la famille des Salmonoïdes, quoique je puisse déjà annoncer que les genres qui avoisinent celui-ci feront avec lui une famille distincte, celle des *Saurichtes*, et qui sera caractérisée par la forme des mâchoires.

FAMILLE DES PLEURONECTES.

Genre LIMANDE.

La LIMANDE DE D'ORBIGNY, *Platessa Orbignyana*, Val.; Atlas d'Orb., pl. XVI, fig. 1.

Nouvelle espèce de limande caractérisée par la force des dents antérieures.

Genre ACHIRE.

L'ACHIRE RAYÉ, *Achirus lineatus*, Lac.; Atlas de d'Orb., pl. XVI, fig. 2.

Cette espèce, voisine de l'achire barbu du même auteur, a été souvent confondue avec le monoclier rayé de l'Amérique septentrionale. Celle représentée pour ce travail ne dépasse pas, je crois, les côtes de Cayenne.

FAMILLE DES ANGUILLIFORMES.

Genre CONGRE.

Le CONGRE DE D'ORBIGNY, *Conger Orbignyanus*, Val.; Atlas de d'Orb., pl. XII, fig. 1.

Ce congre est remarquable par l'allongement de son museau, par le développement des lèvres. Il n'a qu'un petit paquet de dents sous le chevron du vomer.

C'est une belle espèce découverte par M. d'Orbigny.

GENRE OPHISURE.

L'OPHISURE PORTE-RAME, *Ophisurus ramiger*, Val.; Atlas de d'Orb., pl. XII, fig. 2.

C'est une belle espèce remarquable par la brièveté de sa queue, par la hauteur de sa dorsale et de son anale près de leur extrémité. Les taches blanches des flancs feront aussi reconnaître ce poisson.

GENRE SYNBRANCHE.

Le SYNBRANCHE PANTHERIN, *Synbranchus pardalis*, Val.; Atlas d'Orb., pl. XIII, fig. 1.

Cette espèce américaine est remarquable, parce qu'elle servira à fixer les caractères des *synbranches* vus par Commerson à Buenos-Ayres et qui ont été confondus avec les espèces de ce genre originaire des mers de l'Inde.

GENRE STERNACHUS, Schn.

L'APTERONOTE VERDATRE, *Sternachus virescens*, Atlas d'Orb., pl. XIII, fig. 2.

C'est un des poissons les plus importans rapportés par M. d'Orbigny. Il sert à fixer tout-à-fait les idées des ichthyologistes sur des poissons voisins des gymnotes, et que Bloch a figuré avec un filet dorsal détaché que M. Cuvier a regardé comme un faisceau musculaire séparé des coccygiens.

L'espèce dont nous publions ici la figure est certainement distincte de celle de Bloch.

GENRE CARAPE.

Le CARAPE AUX LÈVRES INÉGALES, *Carapeus inæquilabiatus*, Val., Atlas d'Orb., pl. XIV.

L'on ne connaissait avant les recherches de M. d'Orbigny que de petites espèces du genre Carape, genre démembré des gymnotes et qui en est très-voisin. L'espèce figurée ici est grande comme nos gymnotes; l'individu à $0^m,60$ de longueur. La saillie de sa mâchoire inférieure, l'épaisseur des lèvres contraste avec l'absence de cet organe à la mâchoire supérieure. Les nombreux points noirs font aussi une coloration remarquable.

GENRE PASTENAGUE (*Trygon*).

La PASTENAGUE PORC-ÉPIC, *Trygon hystrix*, Mull. et Henle; Atlas d'Orb., pl. XIII.

Cette espèce de pastenague, caractérisée par les savans ichthyologistes cités dans cet article, se tient tout le long de la côte américaine, depuis la Plata jusqu'à l'Amazone.

RECHERCHES

SUR LES LOIS QUI PRÉSIDENT A LA DISTRIBUTION GÉOGRAPHIQUE

DES MOLLUSQUES MARINS CÔTIERS,

BASÉES SUR L'ÉTUDE DES ESPÈCES DE L'AMÉRIQUE MÉRIDIONALE.

CHAPITRE PREMIER.

Considérations générales.

L'*anatomie comparée*, qui dévoile les parties les plus secrètes de l'organisation animale et les divers degrés de perfection du mécanisme vital, est la base de la zoologie. Jointe à l'anatomie comparée, la *zoologie spéciale* donne les rapports qui unissent les êtres entre eux, les différences qui les séparent les uns des autres, et fixe définitivement leur place dans les méthodes. La *zoologie générale* puise dans ces deux sciences, intimement liées, les élémens de vérité indispensables à toutes les recherches. Une branche de cette dernière science, la *distribution géographique des animaux*, présente un immense intérêt, puisqu'elle fait connaître les lois qui président aujourd'hui à leur répartition sur le globe. Destinée à révéler l'histoire chronologique des faunes qui ont successivement peuplé notre planète à toutes les époques géologiques, la *paléontologie* n'est dès-lors qu'une dépendance de l'anatomie comparée, de la zoologie spéciale et de la zoologie générale. En effet, si la *paléontologie spéciale* emprunte à l'anatomie comparée les caractères les moins apparens, destinés pourtant à faire retrouver, sur des parties osseuses ou testacées fossiles, les dernières traces d'une organisation éteinte; si elle découvre par la zoologie spéciale des caractères extérieurs plus faciles encore à saisir, la paléontologie générale, en procédant logiquement du connu à l'inconnu, doit naturellement chercher, dans les lois qui président à la distribution géographique des êtres vivans, des lumières sur l'animalisation qui s'est manifestée à la surface du globe terrestre à toutes les périodes géologiques.

C'est donc dans la distribution géographique des animaux vivans que la paléontologie générale doit puiser des renseignemens sur les conditions d'existence des espèces perdues. Sans cette connaissance préalable, toutes les comparaisons qu'on pourrait faire, toutes les déductions qu'on pourrait tirer, n'étant pas appuyées sur des faits positifs, incontestables, l'édifice pécherait par la base et croulerait infailliblement. Bien pénétré de ce principe, nous avons dû, depuis de longues années, nous livrer à ce genre de recherches avant de scruter les faunes fossiles. Nous en avons déduit en divers mémoires, que la température et la nature orographique et phytographique du sol influaient sur la répartition des êtres terrestres [1]; nous en avons déduit encore que la température et les courans généraux donnaient les limites d'habitation des Céphalopodes [2] et des Ptéropodes [3] parmi les animaux mollusques des hautes mers. Aujourd'hui nous allons nous occuper de la *distribution géographique des mollusques marins côtiers*, qui, plus que tous les autres, peuvent être comparés aux faunes locales des différens bassins tertiaires. On a sans doute écrit beaucoup de théories sur ces dépôts, mais dans la marche positive de la science, il convient, si l'on veut arriver à des solutions réellement satisfaisantes, de remplacer des suppositions souvent hasardées par le résultat de l'observation immédiate.

Indépendamment des difficultés que présentent les recherches de ce genre, lorsqu'on veut les étendre à une grande surface des continens, elles demandent encore beaucoup de précautions dans la réunion et dans la discussion des faits partiels qui leur servent de base. Il est dès-lors impossible d'obtenir quelques résultats, sans avoir étudié les lieux par soi-même. Sous ce rapport nous croyons offrir toutes les garanties désirables, ayant pris pour théâtre de nos observations l'Amérique méridionale, où huit années de séjour nous ont permis de parcourir successivement le littoral de l'Océan atlantique et du grand Océan, des régions froides jusqu'à la zone torride; ainsi donc, presque toutes les espèces qui devaient servir à nos recherches, nous les avons observées dans leurs limites d'habitation, dans leur manière de vivre; nous les avons décrites et figurées dans notre voyage. Les résultats que nous allons faire connaître sont dès-lors, sous le rapport de la prove-

1. *Considérations générales sur les oiseaux*, présentées à l'Académie des sciences, le 20 Octobre 1837; *Oiseaux du Voy. dans l'Amér. mér.*, t. IV, p. 141; *Considérations sur les Mollusques terrestres*, Mollusques du Voy. dans l'Amér. mér., p. 215.

2. Lu à l'Académie des sciences le 19 Juillet 1841. Voyez *Mollusques céphalopodes*.

3. Lu à l'Académie des sciences 1835. Voyez *Mollusques du Voy. dans l'Amér. mér.*, p. 65.

nance positive, comme sous celui de la détermination spécifique, le fruit d'une longue série d'observations et de comparaisons minutieuses.

Avant de parler de la faune américaine, nous croyons devoir dire un *mot du continent méridional.* Supposant que sa configuration par rapport à la latitude, ses pentes abruptes ou très-prolongées, les courans généraux qui le baignent pouvaient avoir une influence sur la distribution et sur la composition des faunes marines côtières, nous avons dû naturellement étudier avec soin tout ce qui se rattachait à cette question.

Tout le monde a remarqué cette pointe étroite qui, s'avançant de la zone torride vers le pôle jusqu'au 55.e degré de latitude sud, sépare l'Océan atlantique du grand Océan, en traçant, entre l'une et l'autre mer, une limite des mieux marquée. Tout le monde a pu remarquer encore cette chaîne imposante des Cordillères qui court, du sud au nord, parallèlement au littoral du grand Océan, et présente sur les côtes de son versant occidental les pentes les plus abruptes, tandis que son versant oriental s'abaisse lentement vers l'océan Atlantique, et forme, sur toutes les régions méridionales, des côtes basses étendues au loin dans la mer.

Les courans généraux pouvant aussi avoir leur influence, nous avons dû chercher à les étudier. Nous avons observé, en 1829, sur la côte de la Patagonie, que les débris des navires perdus sur la barre du Rio Negro étaient toujours portés vers le nord par les courans; nous avons pu nous assurer aussi que les bâtimens qui veulent entrer dans le Rio Negro doivent attendre au sud de cette rivière, sous peine de manquer le port, étant entraînés par eux; enfin, nous avons appris des pilotes que des courans généraux suivent, en tout temps, avec une certaine force, le littoral de la Patagonie, depuis le détroit de Magellan jusqu'à la Plata, où ils sont souvent interrompus par la sortie du fleuve, mais continuent au delà, dès que des vents d'est viennent momentanément neutraliser l'effort des eaux douces de cet immense affluent. Nous les avons reconnus encore dans la même direction jusqu'au tropique. Nous avons pu constater, en doublant le cap Horn, que les courans marchent avec violence de l'ouest à l'est, tandis qu'au Chili et au Pérou d'autres courans en parcourent avec rapidité, du sud au nord, tout le littoral. Nous n'aurions pu néanmoins compléter ces observations partielles sur les courans généraux, sans les importantes recherches de M. le capitaine Duperrey. La carte *du mouvement des eaux à la surface de la mer,* que ce savant physicien a publiée en 1831, nous a éclairé sur la direction et sur les subdivisions de ces courans généraux; elle nous a montré, en effet, la marche de ce courant, qui, partant des régions polaires du grand Océan comprises entre le 135.e et le 165.e degré de longitude occidentale et se dirigeant au sud-est, vient se heurter contre le littoral de l'Amérique méridionale, à la hauteur de l'archipel de Chiloé, où il se sépare en deux bras. Le plus considérable suit, du sud au nord, le littoral de l'Amérique jusqu'à quelques degrés au sud de l'équateur, où il tourne à l'ouest dans la direction des îles de la Société. Le second bras suit, au contraire, vers le sud; une petite partie passe à l'est, par le détroit de Magellan, l'autre, dirigée de l'ouest à l'est, va doubler le cap Horn, d'où elle se divise encore. Un bras se rend aux îles Malouines, tandis que l'autre, en faisant des remous, paraît, d'après nos observations, rejoindre les eaux qui ont passé par le détroit de Magellan, pour suivre au nord le littoral de la Patagonie, de la Plata et souvent jusqu'au Brésil.

La singulière configuration de l'Amérique méridionale offrant une pointe prolongée vers le pôle, qui sépare les deux océans, les courans généraux qui se heurtent et se divisent aussi sur les régions froides, et suivent parallèlement au nord les deux côtes, en séparant encore plus les deux mers, pourraient faire croire *à priori* qu'elles devaient offrir de grandes différences spécifiques dans leurs faunes respectives; tandis que les côtes de ces deux versans, les unes occidentales, abruptes, les autres orientales, en pente douce, devaient apporter, par la différence de leur configuration et de leurs conditions d'existence, de grandes modifications dans la composition générique des faunes. On verra tout à l'heure si l'ensemble des faits donnés par les mollusques côtiers corrobore ou détruit cette supposition.

En séparant des mollusques de l'Amérique méridionale les animaux terrestres, et même de la faune marine, toutes les espèces pélagiennes ou des hautes mers, dont la distribution géographique appartient à un tout autre ordre de faits, il restera encore, en mollusques côtiers seulement, propres au littoral du grand Océan et de l'océan Atlantique, *six cent vingt-huit espèces*. Ce nombre sera suffisant, nous le pensons, pour donner une idée exacte des différentes influences qui président à la séparation des faunes locales. Pour les faire apprécier, nous allons les réunir en un tableau qui, dans l'ordre zoologique, indiquera les espèces propres aux deux mers, et leur lieu d'habitation dans l'un ou dans l'autre de ces océans.

MOLLUSQUES COTIERS DE L'AMÉRIQUE MÉRIDIONALE, PROPRES

A L'OCÉAN ATLANTIQUE.		AU GRAND OCÉAN.	
NOMS.	HABITAT.	NOMS.	HABITAT.
GASTÉROPODES.		GASTÉROPODES.	
		Doris variolata, d'Orb.	Valparaiso.
		D. punctuolata, d'Orb.	Callao.
		D. peruviana, d'Orb.	Valparaiso.
		D. hispida, d'Orb.	*Idem.*
		D. Fontainii, d'Orb.	*Idem.*
Cavolina patagonica, d'Orb.	Patagonie septentrion.		
		Cavolina Inca, d'Orb.	Valparaiso, Callao.
		Diphyllidia Cuvieri, d'Or.	Valparaiso.
		Posterobranchea maculata, d'Orb.	*Idem.*
Pleurobranchus patagonicus	Patagonie septentrion.		
Aplysia livida, d'Orb.	Rio de Janeiro.		
		Aplysia Inca, d'Orb.	Callao.
		A. nigra, d'Orb.	*Idem.*
		A. Rangiana, d'Orb.	Payta.
		Bulla peruviana, d'Orb.	Callao.
Paludestrina Parchappii.	Buenos-Ayres.		
P. australis	Patagonie septentrion.		
P. charruana	Montevideo.		
P. Isabelleana	*Idem.*		
P. striata	Patagonie septentrion.		
P. semistriata	Malouines.		
		Paludestrina Cumingii.	Callao.
		P. fusca, d'Orb.	Arica.
		P. nigra	*Idem.*
		Turritella cingulata, Sow.	Valparaiso.
		T. Broderipiana, d'Orb.	Payta.
Scalaria elegans, d'Orb.	Patagon. sept. et Plata.		
S. semistriata, d'Orb.	Bahia Blanca.		
S. brevis, d'Orb.	Malouines.		
		Scalaria elenense, Sow.	Santa Elena.
		S. obtusa, Sow.	*Idem.*
		S. polita, Sow.	Xipixapi (Équateur).
		S. statuminata, Sow.	Payta (Pérou).
Littorina flava, Brod.	Rio de Janeiro.		
L. columellaris	Pernambuco, Antilles.		
L. lineolata, d'Orb.	Rio de Janeiro, Antilles.		

MOLLUSQUES COTIERS DE L'AMÉRIQUE MÉRIDIONALE, PROPRES			
A L'OCÉAN ATLANTIQUE.		AU GRAND OCÉAN.	
NOMS.	HABITAT.	NOMS.	HABITAT.
		Littorina peruviana, Lam.	Valparaiso, Callao.
		L. araucana, d'Orb. . .	*Idem*, Arica.
		L. umbilicata, d'Orb. . .	Cobija.
		Rissoina Inca, d'Orb. .	*Idem*.
Chemnitzia turris	Rio de Janeiro, Antilles.		
C. americana.	Patagonie septentrion., Rio de Janeiro.		
C. fasciata	Rio de Janeiro.		
C. Dubia.	Rio de Janeiro, Antilles.		
		Chemnitzia cora, d'Orb.	Payta.
		Acteon venusta, d'Orb.	*Idem*.
		Eulima splendidula, Sow.	Santa-Elena (Équateur)
		E. imbricata, Sow. . . .	*Idem*.
		E. hastata, Sow.	*Idem*.
		E. pusilla, Sow.	*Idem*.
		E. varians, Sow.	Xipixapi (Équateur).
		Natica uber, Val.	Callao.
		N. solangonensis, Rec. .	Solango (Équateur).
		N. cora, d'Orb.	Callao.
		N. Broderipiana, Rec. .	Xipixapi (Équateur).
		N. glauca, Val.	Payta.
		N. elenæ, Rec.	Santa-Elena (Équateur)
Natica canrena, Lam. .	Rio de Janeiro, Antilles.		
N. limbata, d'Orb. . . .	Patagonie sept. et Plata.		
N. Isabelleana, d'Orb. .	Montevideo.		
		Sigaretus cymba, Menk.	Callao.
		Neritina Fontaineana, d'Orb.	Guayaquil.
Neritina meleagris, Lam.	Rio de Janeiro, Antilles.		
N. virginea, Lam. . . .	*Idem*, *idem*.		
Trochus articulatus, Gray.	*Idem*.		
T. patagonicus, d'Orb. .	Patagonie sept. et Plata.		
T. malouinus, d'Orb. . .	Malouines.		
		Trochus quadricostatus, Gray.	Valparaiso.
		T. ater, Less.	Valparaiso, Cobija.
		T. luctuosus, d'Orb. . .	Valparaiso, Callao.
		T. microstomus, d'Orb. .	Valparaiso, Cobija.
		T. araucanus, d'Orb. . .	*Idem*.

MOLLUSQUES COTIERS DE L'AMÉRIQUE MÉRIDIONALE, PROPRES			
A L'OCÉAN ATLANTIQUE.		AU GRAND OCÉAN.	
NOMS.	HABITAT.	NOMS.	HABITAT.
		Delphinula cancellata, Gray.	Cobija, Arica.
		Turbo niger, Gray. . . .	Valparaiso, Cobija.
		Cypræa nigropunctata, Gray.	Payta.
		C. acutidentata, Gask. .	Guayaquil.
		Ovulum rufum, Sow. . .	Caracas (Équateur).
		Marginella curta, Sow. .	Payta.
Marginella bullata, d'Orb.	Baya, Brésil.		
Olivina pulchana, d'Orb.	Patagonie septentrion.		
O. tehuelchana, d'Orb. .	*Idem*.		
		Olivina columellaris, d'Orb.	Payta.
		Oliva peruviana, Lam. .	Cobija, Arica.
Olivancillaria brasiliensis, d'Orb.	Patag. sept., Rio de Jan.		
O. auricularia, d'Orb. .	*Idem*, *idem*.		
		Conus tornatus, Brod. .	Xipixapi (Équateur).
		C. recurvus, Brod. . . .	Monte-Cristi (*idem*).
		C. monilifer, Sow. . . .	Solango (*idem*).
		C. princeps, Brod. . . .	Santa-Elena (*idem*).
Strombus pugilis, Lin. .	Rio de Janeiro, Antilles.		
Volutella angulata, d'Orb.	Patag. septentr., Plata.		
Voluta brasiliana, Sol. .	*Idem*, *idem*.		
V. magellanica, Chemn.	*Idem*.		
V. ancilla, Sol.	*Idem*.		
V. festiva, Lam.	*Idem*.		
V. tuberculata, Wood. .	*Idem*.		
		Mitra maura, Brod. . .	Callao.
		M. Inca	Payta.
		M. lignaria, Reeve . . .	Santa-Elena (Équateur).
		M. Swainsonii, Brod. . .	Monte-Cristi (*idem*).
		M. tristis, Brod.	Santa-Elena (*idem*).
		M. foraminata, Brod. . .	*Idem*.
		M. lineata, Brod.	Solango (Équateur).
		M. crenata, Brod.	Xipixapi (*idem*).
		M. rupicola, Reeve . . .	Santa-Elena (*idem*).
		M. funiculata, Reeve . .	Ile de la Plata (*idem*).
		Cancellaria bullata, Sow.	Payta (Pérou).

MOLLUSQUES COTIERS DE L'AMÉRIQUE MÉRIDIONALE, PROPRES			
A L'OCÉAN ATLANTIQUE.		AU GRAND OCÉAN.	
NOMS.	HABITAT.	NOMS.	HABITAT.
		Cancellaria tessellata . .	Santa-Elena.
		C. clavatula, Sow. . . .	Payta (Pérou).
		C. brevis, Sow.	Santa-Elena.
		C. ovata, Sow.	*Idem.*
		C. corrugata, Hinds. . .	Guayaquil (Équateur).
		C. albida, Hinds.	*Idem.*
		C. tuberculosa, d'Orb. .	Cobija, Callao.
		C. cassidiformis, Sow. .	Payta.
		C. unifasciata, Sow. . .	Valparaiso, Chili.
		C. buccinoides, Sow. . .	Callao.
		C. chrysostoma, Sow. .	Payta.
		Columbella strombiformis	*Idem.*
		C. paytansis, Less. . . .	*Idem.*
		C. meleagris, Duc. . . .	*Idem.*
		C. lanceolata, Sow. . . .	*Idem.*
		C. gibbosula, Brod. . .	*Idem.*
		C. sordida, d'Orb. . . .	Arica, Callao.
		C. buccinoides, Sow. . .	Payta.
		C. uncinata, Sow. . . .	Guayaquil.
		C. turrita, Sow.	Santa-Elena (Équateur)
		C. rugosa, Sow.	Xipixapi (*idem*).
		C. recurva, Sow.	Ile de la Plata.
		C. fuscata, Sow.	Monte-Cristi, S.te Elena.
		C. major, Sow.	Ile de la Muerte.
		C. pygmæa, Sow.	Santa-Elena.
		C. dorsata, Sow.	Guayaquil.
		C. parva, Sow.	Monte-Cristi.
Colombella sertulariarum	Patagonie septentrion.		
Nassa polygona, d'Orb.	Rio de Janeiro, Antilles.		
N. Isabellei, d'Orb. . . .	Patagonie septentrion.		
		Nassa Gayi, d'Orb. . .	Valparaiso.
		N. Fontainei, d'Orb. . .	Payta.
		N. dentifera, Powys. . .	Arica.
		N. festiva, Powys. . . .	Santa-Elena.
		N. exilis, Powys.	Payta.
		N. complanata, Powys. .	Atacama.
Buccinanops cochlidium, d'Orb.	Patag. septentr., Plata.		

MOLLUSQUES COTIERS DE L'AMÉRIQUE MÉRIDIONALE, PROPRES			
A L'OCÉAN ATLANTIQUE.		AU GRAND OCÉAN.	
NOMS.	HABITAT.	NOMS.	HABITAT.
Buccinanops Lamarchii, d'Orb.	Patag. septentr., Brésil.		
B. moniliferum, d'Orb. .	*Idem*, Plata.		
B. globulosum, d'Orb. .	*Idem*, *idem*.		
Purpura hæmastoma, Lam.	Rio de Janeiro, Antilles.		
P. undata, Lam.	Pernambuco (Brésil).		
P. bicostatis, Lam. . . .	*Idem*.		
		Purpura chocolata, Blv.	Cobija, Callao.
		P. xanthostoma, Brod. .	Valparaiso, Callao.
		P. scalariformis, Lam. .	Guayaquil.
		P. concholepas, d'Orb. .	Valparaiso, Arica.
		P. cassidiformis, Blainv.	Payta.
		P. callaoensis, Gray. . .	Callao.
		P. Delessertiana, d'Orb.	Payta.
		P. Janella, Kien.	*Idem*.
		P. fasciolaris, Lam. . .	*Idem*.
		Monoceros giganteum, Less.	Concepcion du Chili.
		M. crassilabrum, Lam. .	Valparaiso.
		M. brevidentatum, Gray.	Payta.
Monoceros glabratum, Lam.	Détroit de Magellan.		
Terebra patagonica, d'Or.	Patagonie septentrion.		
		Terebra aspera, Hinds. .	Monte-Cristi, Ste Elena.
		T. larveformis; Hinds. .	*Idem*, *idem*.
Cerithium guaranianum.	Rio de Janeiro.		
C. atratum, Brug. . . .	*Idem*.		
		Cerithium varicosum, Sow.	Guayaquil.
		C. Montagnei, d'Orb. .	*Idem*.
		C. peruvianum, d'Orb. .	Arica.
Cassis granulosa, Brug.	Rio de Janeiro, Antilles.		
C. testiculus, Lam. . . .	*Idem*, *idem*.		
Pleurotoma guarani, d'Orb.	*Idem*.		
P. patagonica, d'Orb. .	Patagonie septentrion.		
		Pleurotoma aspera, Hind.	Guayaquil.
		P. maura, Sow.	Ile de la Plata.
		P. rosea, Sow.	Solango, Monte-Cristi.

MOLLUSQUES COTIERS DE L'AMÉRIQUE MÉRIDIONALE, PROPRES

A L'OCÉAN ATLANTIQUE.		AU GRAND OCÉAN.	
NOMS.	HABITAT.	NOMS.	HABITAT.
		Pleurotoma rudis, Sow.	Monte-Cristi.
		P. maculosa, Sow. . . .	*Idem.*
		P. clavata, Sow.	Xipixapi.
		P. olivacea, Sow. . . .	Solango, Santa-Elena.
		P. cincta, Sow.	Monte-Cristi, Xipixapi.
		P. cornuta, Sow.	Caracas (Équateur).
		P. discors, Sow.	Ile de la Plata.
		P. aterrima, Sow. . . .	Monte-Cristi.
		P. adusta, Sow.	*Idem.*
		P. turricula, Sow. . . .	Santa-Elena.
		P. incrassata, Sow. . .	Monte-Cristi.
		P. rustica, Sow.	Xipixapi.
		P. collaris, Sow.	Caracas (Équateur).
		P. fornicaria, Sow. . .	Iquique, Pérou.
Fusus multicarinatus, L.	Rio de Janeiro.		
F. morio, Lam.	Bahia (Brésil), Antilles.		
		Fusus Fontainei, d'Orb.	Cobija, Callao.
		F. purpuroides, Sow. .	Callao, Payta.
Fasciolaria traperium, L.	Bahia (Brésil).		
Turbinella brasiliana, d'Orb.	Rio de Janeiro.		
		Turbinella cæstus, Brod.	Caracas (Équateur).
Triton americanum, d'Or.	Rio de Janeiro, Antilles.		
		Triton constrictus, Brod.	Monte-Cristi, Xipixapi.
		T. gibbosus, Brod. . . .	*Idem*, Panama.
		T. scaber, Brod.	Valparaiso, Callao.
		T. pagodus, Reeve . . .	Baie de Montija, Équat.
		Ranella ventricosa, Brod.	Callao.
		R. vexillum	Concepcion (Chili).
		R. Kingii, d'Orb.	*Idem* (*idem*).
		R. muriciformis, Brod.	Équateur.
		Murex labiosus, Gray .	Valparaiso, Arica.
		M. buxeus, Brod. . . .	Callao.
		M. nigrescens, Sow. . .	Xipixapi.
		M. peruvianus, Sow. . .	Pérou.
		M. pinniger, Sow. . . .	Xipixapi.
		M. humilis, Sow.	Santa-Elena.
		M. carduus, Sow. . . .	Pacosmayo (Pérou).
		M. vibex, Sow..	Santa-Elena (Équat.).

MOLLUSQUES COTIERS DE L'AMÉRIQUE MÉRIDIONALE, PROPRES

A L'OCÉAN ATLANTIQUE.		AU GRAND OCÉAN.	
NOMS.	HABITAT.	NOMS.	HABITAT.
		Murex incisus, Sow. . .	Santa-Elena.
		M. vittatus, Sow.	Ile de la Muerte (Équat.)
		M. crispus, Sow.	Pacosmayo (Pérou).
		M. squamosus, Sow. . .	Payta.
		M. lappa, Sow.	Santa-Elena.
		M. dipsacus, Brod. . . .	*Idem.*
		M. hamatus, Hinds. . .	Guayaquil.
		M. horridus, Brod. . .	Arica, Callao.
		M. erythrostomus, Sw. .	Payta.
		M. monoceros, d'Orb. .	*Idem.*
		M. squamosus, Brod. . .	*Idem.*
		M. inca, d'Orb.	Callao.
Murex magellanicus, Gm.	Patagonie.		
M. patagonicus, d'Orb. .	Patagonie septentr.		
M. varians, d'Orb. . . .	*Idem.*		
M. asperrimus, Lam. . .	Rio de Janeiro, Antilles.		
M. sirat, Adans.	*Idem.*		
M. microphyllus, Lam. .	Bahia (Brésil).		
		Typhis Cumingii, Sow. .	Caracas (Équateur).
		T. coronatus, Sow. . .	Solango (*idem*).
		T. quadratus, Hinds. . .	Guayaquil (*idem*).
Vermetus varians, d'Orb.	Rio de Janeiro.		
		Capulus ungaricoides, d'O	Payta.
		C. mitratus	Ile de los Lobos (Pérou).
		C. subrufus	*Idem.*
		Calypeopsis quiriquina, L.	Concepcion du Chili.
		C. rugosa, d'Orb. . . .	Coquimbo (Chili).
		C. imbricata, d'Orb. . .	Payta.
		C. auriculata, d'Orb. .	*Idem.*
		C. radiata, Brod. . . .	Caracas (Équateur).
		C. hispida, Brod. . . .	Guayaquil, *idem.*
		C. maculata, Brod. . .	*Idem.*
		C. serrata, Brod. . . .	*Idem.*
		C. unguis, Brod.	Valparaiso, Chili.
		C. lichen, Brod.	Guayaquil.
		C. striata, Brod.	Valparaiso.
		Calyptræa cepacea, Br.	Guayaquil.
		C. cornea, Brod. . . .	Arica.

MOLLUSQUES COTIERS DE L'AMÉRIQUE MÉRIDIONALE, PROPRES			
A L'OCÉAN ATLANTIQUE.		AU GRAND OCÉAN.	
NOMS.	HABITAT.	NOMS.	HABITAT.
		Infundibulum trochiforme, d'Orb.	Valparaiso, Callao.
		I. mamillare, d'Orb.	Payta, Guayaquil.
Infundibulum pileolus, d'Orb.	Malouines.	*I. intermedia*, d'Orb.	Islay (Pérou).
Crepidula aculeata, Lam.	Rio de Janeiro, Patag., Antilles.		
C. patagonica, d'Orb.	Patagonie.		
C. protea, d'Orb.	Maldon., R. de Jañ., Pat. Antilles.		
		Crepidula dilatata, Lam.	Valparaiso, Callao.
		C. foliacea, Brod.	Cobija (Bolivia).
		C. arenata, Brod.	Payta.
		C. incurva, Brod.	*Idem.*
		C. dorsata, Brod.	Santa-Elena (Équat.).
		C. echinus, Brod.	Ile de los Lobos (Pérou)
		C. histrix, Brod.	*Idem.*
		C. Lessonii, Brod.	Guayaquil.
		C. marginalis, Brod.	*Idem.*
		Siphonaria reticulata	Valparaiso.
		S. peruviana, d'Orb.	Cobija.
		S. lineolata	Payta.
Siphonaria Lessonii, Blv.	Pat. mér., Malouines, Montevideo.	*S. Lessonii*, Blainv.	Sud du Chili, Callao.
S. picta, d'Orb.	Rio de Janeiro.		
Scissurella conica, d'Orb.	Malouines.		
Rimula conica, d'Orb.	*Idem.*		
Fissurella radiosa, Less.	Patagonie.		
F. patagonica, d'Orb.	*Idem.*		
		Fissurella picta, Lam.	Valparaiso.
		F. crassa, Lam.	*Idem.*
		F. nigra, Less.	*Idem.*
		F. microtrema, Sow.	Cobija, Callao.
		F. peruviana, Lam.	*Idem*, *idem.*
		F. limbata, Sow.	Coquimbo, *idem.*
		F. costata, Less.	Valparaiso, Concepc.
		F. maxima, Young.	*Idem.*
		F. Fontainiana, d'Orb.	Islay (Pérou).
		F. biradiata, Fr.	Valparaiso.

MOLLUSQUES COTIERS DE L'AMÉRIQUE MÉRIDIONALE, PROPRES			
A L'OCÉAN ATLANTIQUE.		AU GRAND OCÉAN.	
NOMS.	HABITAT.	NOMS.	HABITAT.
		Fissurella lata, Sow. . .	Santa-Elena, Équateur.
		F. pulchra, Sow.	Valparaiso, Chili.
		F. affinis, Sow.	*Idem.*
		F. pica, Sow.	Santa-Elena.
		F. æqualis, Sow.	*Idem.*
Fissurellidea megatrema, d'Orb.	Patagonie.		
Helcion (*patelloidea*) *subrugosa*, d'Orb. . .	Rio de Janeiro.		
		Helcion scurra, d'Orb. .	Chili, Callao.
		H. scutum, d'Orb. . . .	*Idem*, *idem*.
		Patella clypeaster, Less.	Valparaiso, Concepc.
		P. zebrina, Less.	*Idem*, Cobija.
		P. Pretrei, d'Orb. . . .	*Idem.*
		P. parasitica, d'Orb. . .	*Idem*, Arica.
		P. araucana, d'Orb. . .	*Idem.*
		P. maxima, d'Orb. . .	Payta.
Patella deaurata, Gmel.	Patagonie, Malouines.		
P. Ceciliana, d'Orb. . .	Malouines.		
Chiton-tehuelchus, d'Orb.	Patagonie.		
C. Isabellei, d'Orb. . .	*Idem.*		
		Chiton peruvianus, Lam.	Valparaiso, Callao.
		C. pusio, Sow.	*Idem.*
		C. Stokesii, Brod. . . .	Santa-Elena.
		C. subfuscus, Sow. . . .	Chiloe.
		C. luridus, Sow.	Santa-Elena.
		C. limaciformis, Sow. .	Ile de los Lobos, Pérou.
		C. Blainvillei, Brod. . .	*Idem.*
		C. elenensis, Sow. . . .	Santa-Elena.
		C. Tremblei, Brod. . . .	Valparaiso.
		C. pusillus, Sow.	Pacosmayo (Pérou).
		C. Grayi, Sow.	Callao.
		C. roseus, Sow.	Guayaquil.
		C. punctulatissimus, Sow.	Cobija.
		C. bipunctatus, Sow. . .	Ile de los Lobos.
		C. catenulatus, Sow. . .	*Idem.*
		C. stramineus, Sow. . .	Chiloe.
		C. scabriculus, Sow. . .	Islay (Pérou).
		C. tuberculiferus, Sow.	Valparaiso, Arica.

MOLLUSQUES COTIERS DE L'AMÉRIQUE MÉRIDIONALE, PROPRES			
A L'OCÉAN ATLANTIQUE.		AU GRAND OCÉAN.	
NOMS.	HABITAT.	NOMS.	HABITAT.
		C. hirundiniformis, Sow.	Payta (Pérou).
		C. olivaceus, Sow. . . .	Valparaiso.
		C. coquimbensis, Fremb.	Coquimbo, Arica.
		C. Cumingii, Fremb. .	Valparaiso, Callao.
		C. granosus, Fremb. . .	*Idem*, *idem*.
		C. punctatissimus, Sow.	Callao.
		C. Stockesi, Brod. . . .	Arica, Callao.
		C. inca, d'Orb.	Islay (Pérou).
		C. bicostatus, d'Orb. . .	Arica (*idem*).
		C. lineolatus, Fremb. .	Valparaiso.
		C. chilensis, Fremb. . .	*Idem*.
		C. elegans, Fremb. . . .	Arica (Pérou), Callao.
		C. disjunctus, Fremb. .	Valparaiso.
		C. Swainsonii, Sow. . .	Chili, Pérou.
		C. chiloensis, Sow. . . .	Valparaiso.
		Dentalium splendidum, S.	Xipixapi (Équateur).
		D. tesseragonum, Sow. .	*Idem* (*idem*).
		D. quadrangulare, Sow.	*Idem* (*idem*).
		D. perpusillum, Sow. . .	Solango (*idem*).
LAMELLIBRANCHES.		LAMELLIBRANCHES.	
Pholas costata, Linn. .	Malouines, Antilles.		
Ph. pusillus, Linn. . . .	Rio de Janeiro, Antilles.		
Ph. lanceolata, d'Orb. .	Patagonie septentr.		
Ph. lamellosa, d'Orb. .	*Idem*.		
		Pholas chiloensis, Mol. .	Valparaiso, Callao.
		Ph. subtruncata, Sow. .	Payta.
		Ph. cruciger, Sow. . . .	Guayaquil (Équateur).
		Ph. melanura, Sow. . .	Monte-Cristi (*idem*).
		Ph. tubifera, Sow. . . .	Payta, Caracas (*idem*).
		Ph. quadrata, Sow. . .	Monte-Cristi (*idem*).
		Ph. curta, Sow.	Ile de los Leones (*idem*).
		Ph. cornea, Sow. . . .	Chiriqui (*idem*).
		Ph. gibbosa, Sow. . . .	Valparaiso (Chili).
		Solen Macha, Mol. . . .	*Idem*, *idem*.
		S. Gaudichaudi, Chenu.	Coquimbo, *idem*.
Solen scalprum, Brod. .	Patagonie septentr.		
Panopæa abbreviata, Val.	*Idem*.		

MOLLUSQUES COTIERS DE L'AMÉRIQUE MÉRIDIONALE, PROPRES			
A L'OCÉAN ATLANTIQUE.		AU GRAND OCÉAN.	
NOMS.	HABITAT.	NOMS.	HABITAT.
Mactra fragilis, Chemn.	Pat. sept., Rio, Antilles.		
M. Petitii, d'Orb.	Rio de Janeiro.		
M. Isabelleana, d'Orb. .	Montevideo.		
M. patagonica, d'Orb. .	Patagonie septentr.		
M. Cleryana, d'Orb. . .	Rio de Janeiro.		
M. edulis, Brod.	Détroit de Magellan.		
		Mactra bicolor, d'Orb. .	Valparaiso, Chili.
		M. Byronensis, d'Orb. .	*Idem.*
Periploma compressa, d'Orb.	Patagonie septentr.		
P. ovata, d'Orb.	*Idem.*		
P. inæquivalvis, Schum.	Santos, Brésil.		
		Periploma planiuscula, Sow.	Santa-Elena (Équat.).
		P. lenticularis, Sow. . .	Ile de la Muerte (*idem*).
		Lyonsia cuneata, d'Orb.	Arica, Callao.
		L. brevifrons, Sow. . . .	Santa-Elena.
Lyonsia patagonica, d'Or.	Patagonie septentr.		
L. Alvarezii, d'Orb. . . .	*Idem.*		
Thracia rugosa, Conr. .	Rio de Janeiro, Antilles		
Saxicava meridionalis, d'Orb.	Malouines.		
		Saxicava solida, Sow. .	Callao.
		S. tenuis, Sow.	Pascomayo, Pérou.
		S. purpurascens, Sow. .	Ile de la Muerte (Équat.)
		Solecurtus Dombey, d'Or.	Callao.
Solecurtus platensis, d'Or.	Patag. sept., Montevid.		
Lavignon lineata, d'Orb.	Santos (Brésil), Antilles		
L. papyracea, d'Orb. .	Rio de Jan., Patag. sept.		
		Lavignon mutica, d'Orb.	Payta (Pérou).
		L. lamellosa, d'Orb. . .	*Idem.*
		L. trigonularis, d'Orb. .	Santa-Elena (Équat.).
		L. coarctata, d'Orb. . .	Caracas (*idem*).
		Donacilla chilensis, d'Orb.	Valparaiso (Chili).
Donacilla solenoides, d'O.	Patag. septentr., Plata.		
Amphidesma variegata, L.	Rio de Jan., Antilles.		
A. reticulata, d'Orb. . .	*Idem*, *idem*.		
		Amphidesma solida, Gray.	Arica, Callao.
		A. formosa, Sow. . . .	Santa-Elena (Équat.).
		A. pallida, Sow.	Solango (*idem*)

MOLLUSQUES COTIERS DE L'AMÉRIQUE MÉRIDIONALE, PROPRES			
A L'OCÉAN ATLANTIQUE.		AU GRAND OCÉAN.	
NOMS.	HABITAT.	NOMS.	HABITAT.
		Amphidesma purpurascens, Sow.	Santa-Elena (Équat.).
		A. lenticularis, Sow. . .	*Idem* (*idem*).
		A. rosea, Sow.	Tumbez (Pérou).
		A. lævis, Sow.	Xipixapi (Équateur).
		A. elliptica, Sow. . . .	Monte-Cristi (*id.*).
		A. corrugata, Sow. . .	Iquique (Pérou).
		A. pulchra, Sow.	Caracas (Équat.).
		Tellina eburnea, Hanl. .	Payta (Pérou).
		T. insculpta, Hanl. . . .	Chiriqui (Équat.).
		T. elongata, Hanl. . . .	*Idem* (*id.*).
		T. colombiensis, Hanl. .	Monte-Cristi (Équat.).
		T. rufescens, Chemn. .	Tumbez (Pérou).
		T. undulata, Hanl. . . .	Santa-Elena (Équat.).
		T. inornata, Hanl. . . .	Concepcion (Chili).
		T. grandis, Hanl. . . .	Tumbez (Pérou).
		T. pumila, Hanl.	Valparaiso (Chili).
		T. hiberna, Hanl. . . .	Guayaquil (Équat.).
		T. virgo, Hanl.	Chiriqui (*id.*).
		T. Cumingii, Sow. . . .	Guacamayo (*id.*).
		T. rubescens, Hanl. . .	Tumbez (*id.*).
		T. prota, Hanl.	Santa-Elena (*id.*).
		T. laceridens, Hanl. . .	Tumbez (Pérou).
		T. crystallina, Hanl. . .	Santa-Elena (Équat.).
		T. Burneti, Brod.	Solango (*id.*).
		T. lyra, Hanl.	Tumbez (Pérou).
Tellina punicea, Born. .	Brésil, Antilles.		
T. carnaria, Linn. . . .	Santos, *id.*		
T. constricta, Phil. . . .	Rio de Janeiro, *id.*		
T. brasiliana, Speng. . .	*Idem.*		
T. Cleryana, d'Orb. . .	*Idem.*		
T. Petitiana, d'Orb. . .	*Idem.*		
T. lineata, Turt.	*Idem*, Antilles.		
		Arcopagia solida, d'Orb.	Arica, Callao.
		Donax radiata, Val. . .	*Idem.*
		D. obesa, d'Orb.	Payta (Pérou).
		D. paytensis, d'Orb. . .	*Idem.*
Donax brasiliensis, d'Orb.	Rio de Janeiro.		
D. cayanensis, Lam. . .	Bahia, Antilles.		

MOLUSQUES COTIERS DE L'AMÉRIQUE MÉRIDIONALE, PROPRES			
A L'OCÉAN ATLANTIQUE.		AU GRAND OCÉAN.	
NOMS.	HABITAT.	NOMS.	HABITAT.
		Solenella Norrisii, Sow.	Valparaiso.
		Leda Sowerbyana, d'Orb.	Xipixapi (Équat.).
		L. elongata, d'Orb. . .	*Idem* (*id.*).
		L. crenifera, d'Orb. . .	*Idem* (*id.*).
		L. gibbosa, d'Orb. . . .	Payta (Pérou).
		L. Elenensis, d'Orb. . .	Santa-Elena (Équat.).
		L. eburnea, d'Orb. . . .	Caracas (*id.*).
		L. cuneata, d'Orb. . . .	Valparaiso (Chili).
		L. ornata, d'Orb. . . .	Payta (Pérou).
Leda patagonica, d'Orb.	Patagonie septentr.		
Petricola patagonica, d'O.	*Idem.*		
		Petricola rugosa, Sow. .	Concepcion (Chili).
		P. tenuis, Sow.	Pascomayo (Pérou).
		P. solida, Sow.	Arica (*id.*).
		P. discors, Sow.	Lanbeyeque (*id.*)
		P. concinna, Sow. . . .	Arica (*id.*).
		P. denticulata, Sow. . .	Payta (*id.*).
		P. elliptica, Sow.	*Idem* (*id.*).
		P. oblonga, Sow. . . .	Pascomayo (*id.*).
		Venus thaca, d'Orb. . .	Valparaiso, Arica.
		V. costellata, Sow. . . .	*Idem*, Callao.
		V. mactracea, Brod. . .	*Idem.*
		V. inconspicua, d'Orb. .	Payta.
		V. Paytensis, d'Orb. . .	*Idem.*
		V. pannosa, d'Orb. . .	Coquimbo, Callao.
		V. peruviana, Sow. . .	Callao.
		V. squalida, d'Orb. . .	Santa-Elena.
		V. compta, Brod. . . .	Guayaquil.
		V. neglecta, Gray. . . .	Payta.
		V. planulata.	Coquimbo.
		V. columbiensis, Sow. .	Santa-Elena.
		V. spurca, Sow.	Valparaiso.
		V. chilensis, Sow. . . .	*Idem.*
		V. lenticularis, Sow. . .	*Idem.*
		V. opaca, Sow.	Arica.
		V. discrepans, Sow. . .	Islay.
		V. lupanaria, Less. . .	Payta.
		V. histrionica, Sow. . .	Santa-Elena.

MOLLUSQUES COTIERS DE L'AMÉRIQUE MÉRIDIONALE, PROPRES			
A L'OCÉAN ATLANTIQUE.		AU GRAND OCÉAN.	
NOMS.	HABITAT.	NOMS.	HABITAT.
		Venus subrugosa, Sow.	Pérou.
		V. cycloides, d'Orb. . .	Payta.
		V. tortuosa, Brod. . . .	Xipixapi.
		V. antiqua, Gray. . . .	Callao.
		V. asperrima, Sow. . .	Ile de los Lobos.
		V. discors, Sow.	Santa-Elena.
		V. Cumingii, d'Orb. . .	Xipixapi.
		V. Mariæ, d'Orb. . . .	Guayaquil.
		V. crenifera, Sow. . . .	Payta, Santa-Elena.
		V. pulicularia, Brod. .	Chiriqui (Équat.).
		V. alternata, Brod. . .	Monte-Cristi (*id.*).
		V. gnidia, Brod.	Payta (Pérou).
		V. solangensis, d'Orb. .	Xipixapi (Équat.).
Venus tehuelcha, d'Orb.	Patagonie septentr.		
V. Alvarezii, d'Orb. . .	*Idem*.		
V. purpurata, d'Orb. .	*Idem*, Plata, Rio.		
V. maculosa, Linn. . .	Rio de Janeiro, Antilles.		
V. Philipii, d'Orb. . . .	*Idem*, *id.*		
V. flexuosa, Linn. . . .	Patagonie, Plata, Rio de Janeiro, Antilles.		
V. Dysera, Linn. . . .	Rio de Janeiro, *id.*		
V. rubiginosa, d'Orb. .	*Idem*, *id.*		
V. paphia, Linn.	*Idem*, *id.*		
V. rugosa, Chemn. . .	*Idem*, *id.*		
V. pectorina, Lam. . . .	*Idem*.		
V. Portesiana, d'Orb. .	*Idem*.		
V. Isabelliana, d'Orb. .	Maldonado.		
Corbula patagonica, d'O.	Patagonie septentr.		
		Corbula bicarinata, Sow.	S.-Elena (Éq.), Panama.
		C. biradiata, Sow. . . .	Chiriqui (Équat.).
		C. nasuta, Sow.	Xipixapi (*id.*).
		C. ovulata, Sow.	*Idem* (*id.*).
Sphæna Cleryana, d'Orb.	Brésil.		
		Pandora arcuata, Sow.	Santa-Elena (Équat.).
		P. radiata, Sow.	Ile de la Muerte.
Astarte longirostra, d'O.	Malouines.		
		Crassatella gibbosa, Sow.	Payta, Santa-Elena.
		Cardita compressa, Sow.	Valparaiso.

MOLLUSQUES COTIERS DE L'AMÉRIQUE MÉRIDIONALE, PROPRES			
A L'OCÉAN ATLANTIQUE.		AU GRAND OCÉAN.	
NOMS.	HABITAT.	NOMS.	HABITAT.
		Cardita naviformis, Reev.	Arica.
		C. tegulina, Reev. . . .	Valparaiso.
		C. semen, Reev.	Cobija.
		C. spurca, Sow.	Arica, Callao.
		C. laticosta, Sow. . . .	Santa-Elena (Équat.).
		C. radiata, Brod.	Solango, *id.*, Panama.
Cardita Thouarsii, d'Orb.	Malouines.		
C. Malvinæ, d'Orb. . . .	*Idem.*		
Lucina jamaicensiis, d'O.	Rio de Janeiro, Antilles.		
L. quadrisulcata, d'Orb.	*Idem*, *id.*		
L. semireticulata, d'Orb.	*Idem*, Patag., Antilles.		
L. costata, d'Orb. . . .	*Idem*, *id.*		
L. guaraniana, d'Orb. .	*Idem.*		
L. Portesiana, d'Orb. .	*Idem.*		
L. Vilardeboana, d'Orb.	Maldonado.		
L. patagonica, d'Orb. .	Patagonie septentr.		
L. cryptella, d'Orb. . .	Pernambuco (Brésil).		
		Erycina Petitii, Recl. . .	Callao.
		Cardium maculosum, Wood.	Santa-Elena.
		C. graniferum, Brod. .	Xipixapi (Équat.).
		C. biangulatum, Sow. .	Santa-Elena (*id.*).
		C. consors, Sow. . . .	*Idem* (*id.*).
		C. obovale, Sow.	Xipixapi (*id.*).
		C. aspersum, Sow. . . .	Santa-Elena (*id.*).
		C. elenense, Sow. . . .	*Idem* (*id.*).
		C. senticosum, Sow. . .	*Idem* (*id.*).
		C. procerum, Sow. . . .	Payta (Pérou).
Cardium serratum, Linn.	Rio de Janeiro, Antilles.		
C. muricatum, Linn. . .	*Idem*, *id.*		
C. Lamarckii, d'Orb. .	Brésil.		
Nucula puelcha, d'Orb.	Patagonie septentr.		
N. semiornata, d'Orb. .	*Idem.*		
		Nucula pisum, Sow. . .	Valparaiso (Chili).
		N. exigua, Sow.	Caracas (Equat.).
		N. Grayi, d'Orb.	Valparaiso (Chili).
		Pectunculus intermedius, Brod.	Callao (Pérou).

MOLLUSQUES COTIERS DE L'AMÉRIQUE MÉRIDIONALE, PROPRES			
À L'OCÉAN ATLANTIQUE.		AU GRAND OCÉAN.	
NOMS.	HABITAT.	NOMS.	HABITAT.
		Pectunculus minor, d'O.	Guayaquil (Équat.).
		P. tessellatus, Sow. . . .	Monte-Cristi (*id.*).
		P. multicostatus, Sow. .	Guayaquil (*id.*).
		P. assimilis, Sow. . . .	*Idem* (*id.*).
		P. strigilatus, Sow. . . .	Santa-Elena (*id.*).
Pectunculus longior, Sow.	Rio de Janeiro.		
P. tellinæformis, Reev. .	*Idem.*		
Arca americana.	*Idem*, Antilles.		
A. bicops, Phil.	*Idem* (*id.*)		
		Arca solida, Sow. . . .	Payta (Pérou).
		A. pusilla, Sow.	Cobija, Bolivia, Arica.
		A. obesa, Sow.	Atacama (Pérou).
		A. labiata, Sow.	Tumbez (*id.*).
		A. labiosa, Sow.	*Idem* (*id.*)
		A. cardiiformis, Sow. .	Payta (Équat.)
		A. reversa, Sow.	Tumbez (Pérou).
		A. emarginata, Sow. . .	Xipixapi (Équat.).
		A. Reeveana, d'Orb. . .	Payta (Pérou), Monte-Cristi.
		A. gradata, Brod. . . .	Santa-Elena (Équat.).
		A. æquatorialis, d'Orb.	*Idem* (*id.*).
		A. ariculoida, Reeve . .	*Idem* (*id.*).
		A. Sowerbyi, d'Orb. . .	Guayaquil (*id.*).
		A. grandis, Brod. . . .	*Idem* (*id.*).
		A. lurida, Reeve	Santa-Elena (*id.*).
		A. nux, Sow.	Xipixapi (*id.*).
		A. alternata, Reeve . . .	*Idem* (*id.*).
		A. mutabilis, Sow. . . .	Guayaquil (*id.*)
		A. lithodomus, Reeve . .	Monte-Cristi (*id.*).
		A. pacifica, Reeve . . .	Santa-Elena (*id.*).
		A. cepoides, Reeve . . .	San-Miguel (*id.*).
Pinna Listeri, d'Orb. . .	Rio de Janeiro, Antilles.		
P. patagonicus, d'Orb.	Patagonie septentr.		
Mytilus elongatus, Chem.	Rio de Janeiro.		
M. Darwinianus, d'Orb.	*Idem*, Patagonie.		
M. guyanensis, d'Orb. .	*Idem*, Guyane.		
M. viator, d'Orb.	Patagonie, Rio de Janeiro, Antilles.		

MOLLUSQUES COTIERS DE L'AMÉRIQUE MÉRIDIONALE, PROPRES			
A L'OCÉAN ATLANTIQUE.		AU GRAND OCÉAN.	
NOMS.	HABITAT.	NOMS.	HABITAT.
Mytilus Domingensis, Lk.	Rio de Janeiro, Antilles.		
M. falcatus, d'Orb. . .	*Idem*, Plata.		
M. platensis, d'Orb. . .	Maldonado.		
M. Solisianus, d'Orb. .	*Idem*, Rio de Janeiro.		
M. Rodriguezii, d'Orb. .	Patagonie septentr.		
M. patagonicus, d'Orb.	*Idem*.		
M. magellanicus, Chemn.	*Idem*, Plata.		
M. Chenuanus, d'Orb. .	Brésil.		
		Mytilus chorus, Mol. . .	Concepcion (Chili).
		M. americanus, d'Orb. .	Callao (Pérou).
		M. ovalis, Lam.	Cobija, Arica.
		M. granulatus, Hanl. . .	Chili, Arica, Callao.
		M. soleniformis, d'Orb.	Payta (Pérou).
		Lithodomus peruvianus, d'Orb.	Arica, Callao.
Lithodomus patagonicus, d'Orb.	Patagonie septentr.		
		Lima angustata, Sow. .	Caracas (Éq.), Panama.
		L. pacifica, Sow. . . .	Guayaquil, *id.*
Avicula squamulosa, d'O.	Rio de Janeiro, Antilles.		
Pecten tehuelchus, d'Orb.	Patagonie septentr.		
P. patagonicus, King. .	Magellan.		
		Pecten purpuratus, Lam.	Chili, Callao.
		P. Tumbezensis, d'Orb.	Tumbez (Pérou).
		P. inca, d'Orb.	Santa-Elena (Équat.).
		P. magnificus, Sow. . .	Guayaquil (*id.*)
		Janira dentata, d'Orb. .	Santa-Elena (*id.*).
		Spondylus princeps, Br.	Guayaquil (*id.*).
		Sp. leucacantha, Brod. .	*Idem* (*id.*).
Plicatula barbadensis, Petiv.	Patagonie, Rio de Janeiro, Antilles.		
		Chama pellucida, Brod.	Cobija, Callao.
		C. frondosa, Brod. . . .	Guayaquil (Équat.).
		Ostrea æquatorialis, d'O.	Payta (Pérou).
Ostrea spreta, d'Orb. .	Rio de Janeiro, Antilles.		
O. puelchana, d'Orb. .	*Idem*, Patagonie.		
		Anomya peruviana, d'O.	Payta (Pérou).
		Placunomya foliacea, Br.	Guayaquil.

MOLLUSQUES COTIERS DE L'AMÉRIQUES MÉRIDIONALE, PROPRES.			
A L'OCÉAN ATLANTIQUE.		AU GRAND OCÉAN.	
NOMS.	HABITAT.	NOMS.	HABITAT.
		Terebratula chilensis, Brod.	Valparaiso (Chili).
		T. Fontainei, d'Orb. . .	Coquimbo.
Terebratula Malvinæ, d'Orb.	Malouines.		
T. dorsata, Lam.	*Idem.*		
T. rosea, Sow.	Brésil.		
		Lingula semen, Brod. .	Guayaquil (Équat.)
		L. Audebardia, Brod. .	*Idem (id.).*
		Orbicula lamellosa, Brod.	Cobija, Arica, Callao.
		O. Cumingii, Brod. . . .	Santa-Elena (Équat.).

CHAPITRE II.

Examen numérique de la répartition géographique des espèces.

Le dépouillement du tableau donne, en groupant les faits, les résultats suivans :

Mollusques côtiers spéciaux à l'Océan atlantique	180
Mollusques côtiers spéciaux au grand Océan.	447
Mollusques côtiers communs aux deux Océans.	1
Total.	628

Il résulte donc clairement de l'ensemble des mollusques côtiers de l'Amérique méridionale, que, sur 628 espèces, une seule est commune à l'Océan atlantique et au grand Océan, tandis que les autres sont, au contraire, spéciales chacune à son océan particulier. Ce résultat inattendu démontre évidemment que, sous une même latitude, à peu de distance, il pourra exister, au sein de deux mers voisines, communiquant entre elles, des faunes entièrement distinctes, quand une barrière terrestre s'étendra vers le pôle et leur servira de limites, et que les courans généraux viendront empêcher les espèces de remonter vers leur origine, en séparant encore plus ces deux mers.

Il est probable que les régions placées à l'extrémité du continent américain, ont une faune commune aux deux océans, puisque sur ce point s'opère, à la fois, le partage des eaux et des deux séries de côtes. Néanmoins, le bras de courant du détroit de Magellan étant assez faible, et les eaux très-froides qui baignent le cap Horn ne nourrissant que des mollusques peu nombreux et spéciaux, qui ne peuvent, sans doute, vivre sous une température différente, il n'est pas étonnant de ne trouver, à peu de distance de ce point de départ, qu'une seule espèce commune aux deux mers. Dans un autre travail du même genre, sur les Foraminifères de l'Amérique méridionale[1], le produit d'un sondage fait en dehors du cap Horn, nous a donné cinq espèces, sur lesquelles quatre se retrouvent dans

1. Foraminifères du *Voyage dans l'Amérique méridionale*, p. 8.

les régions froides de l'Océan atlantique et une dans le grand Océan. Ce résultat prouverait, comme on devait le supposer, que l'extrémité méridionale est le point de départ des deux faunes; mais si l'on examine les limites d'habitation de l'espèce de Gastéropode commune aux deux océans, le *Siphonaria Lessonii*, il est facile de s'apercevoir que c'est l'espèce de l'Amérique méridionale, la plus indifférente à la température, puisqu'elle habite simultanément dans le grand Océan, les zones froides, tempérées et chaudes, depuis le détroit de Magellan jusqu'à Lima; et, dans l'Océan atlantique, du détroit de Magellan jusqu'au nord de la Plata. Ainsi, tout en faisant exception, elle serait la seule qui, en suivant les courans généraux dès leur point de séparation, les accompagne long-temps des deux côtés de l'Amérique.

Cette exception, dont nous avons cherché à expliquer la valeur, n'empêche pas que 627 espèces ne soient séparées dans leurs océans distincts. Ce fait curieux de répartition géographique trouve son application immédiate à la paléontologie générale; car il peut expliquer comment deux bassins géologiques tertiaires, assez peu éloignés, peuvent montrer deux faunes entièrement distinctes et pourtant contemporaines. En effet, dans les conditions actuelles où se trouvent les deux faunes de l'Amérique méridionale, si, au lieu d'exister aujourd'hui, elles appartenaient au domaine de la géologie, une seule espèce leur étant commune, ne pourrait-on pas croire, d'après leurs différences spécifiques, qu'elles appartiennent à deux époques différentes?

Passant à un autre ordre de faits, nous allons comparer entre elles, et successivement par région de températures et par cantons, toujours sous le rapport numérique, les deux séries de faunes propres à l'océan Atlantique et au grand Océan.

FAUNE CÔTIÈRE DE L'OCÉAN ATLANTIQUE.

Afin de donner tous les éléments de contrôle désirables et de rechercher la vérité, nous allons examiner par localité les limites respectives des espèces.

Faune côtière des îles Malouines.

Nous avons aux Malouines, treize espèces qui, à l'exception d'une seule, sont spéciales à ces îles, sans se rencontrer sur les côtes voisines de la Patagonie. Si nous cherchons les causes de cet isolement remarquable, il nous sera expliqué par les courans qu'a si bien observés M. Duprey. Nous avons dit que l'un des bras du courant qui passe au cap Horn, se dirige vers les îles Malouines, tandis que l'autre suit le littoral, de sorte que les eaux qui baignent ces îles, ne rejoignent plus le littoral du continent. Il résulte qu'il ne peut y avoir, en espèces communes, que les coquilles qui, partant du cap Horn, ont toujours accompagné les courans côtiers. En effet, l'espèce commune aux deux points, la *Patella deaurata*, se trouve dans ce cas, puisqu'on la rencontre jusqu'à l'extrémité méridionale de l'Amérique, et qu'elle cesse d'exister vers le 45.ᵉ degré de latitude.

Faune côtière de la Patagonie septentrionale.

Nous avons recueilli, sur les côtes de la Patagonie septentrionale, du 39.ᵉ au 43.ᵉ degré de latitude sud, *soixante dix-neuf* espèces, ainsi réparties :

Espèces spéciales à la Patagonie septentrionale			51
Espèces de la Patagonie septentrionale communes :	aux îles Malouines	1	28
	à la Plata et aux régions plus septentrionales	27	

De ces dernières, 10 ne passent pas au delà de la Plata;
9 s'étendent jusqu'à Rio de Janeiro;[1]
8 se retrouvent jusqu'aux Antilles.[2]

Il résulte que les espèces qui ne se trouvent qu'en Patagonie, sont presque du double plus nombreuses que les espèces voyageuses. Sur les *vingt-sept* espèces qui s'étendent au loin, *dix* s'avancent seulement jusqu'au 32.ᵉ degré de latitude sud, *neuf* ont été transportées par les courans du 42.ᵉ au 23.ᵉ degré, et *huit*, plus indifférentes encore à la température et plus largement distribuées, se rencontrent jusqu'aux Antilles, sur l'immense étendue de soixante-dix degrés en latitude, ou sur 1550 lieues de vingt-cinq au degré, en traversant toutes les zones de température.

Faune côtière maritime de l'embouchure du Rio de la Plata.

Les espèces que nous avons pu observer, soit au cap San-Antonio, soit à Montevideo et à Maldonado, sont au nombre de *trente-sept*, ainsi distribuées :

1. Ces espèces sont : *Chemnitzia americana*, d'Orb.; *Olivancillaria brasiliensis*, d'Orb.; *O. auricularia*, d'Orb.; *Buccinanops Lamarckii*, d'Orb.; *Lavignon papyracea*, d'Orb.; *Venus purpurata*, d'Orb.; *Ostrea puelchana*; *Mytilus Darwinianus*.

2. *Crepidula aculeata*, Lam.; *Crepidula protea*, d'Orb.; *Pholas costata*, Linn.; *Mactra fragilis*, *Venus flexuosa*; *Lucina semireticulata*, d'Orb.; *Mytilus viator*; *Plicatula barbadensis*, d'Orb.

Espèces spéciales à la Plata		8	
Espèces de la Plata communes :	à la Patagonie septentrionale seulement	10	29
	à Rio de Janeiro seulement	2	
	à la Patagonie septentrionale, à Rio de Janeiro et aux régions plus chaudes	17	

Ici les résultats sont très-différens, puisque, comparé aux espèces communes à d'autres régions, le nombre des espèces propres à la Plata est moindre du quart de l'ensemble. Comme, d'un autre côté, les espèces de la Plata qui se rencontrent seulement en Patagonie, sont au nombre de *dix*, tandis que les espèces qui se rencontrent seulement à Rio de Janeiro, ne sont qu'à celui de *deux*, il faudra naturellement en conclure, que les environs de la Plata présentent une faune intermédiaire, sans caractères particuliers; qu'elle est, probablement par suite des courans généraux qui la baignent continuellement, et apportent du Sud au Nord les mollusques côtiers, dans les mêmes conditions d'existence que la Patagonie septentrionale, et que dès lors elle appartient encore aux régions tempérées.

Il ressort aussi du petit nombre d'espèces propres aux côtes marines de l'embouchure de la Plata, que les plus grands affluens n'ont aucune influence sur la composition des faunes locales qui les habitent, puisqu'à l'exception de quelques espèces presque fluviatiles, la faune marine n'éprouve aucune modification.

Faune côtière du Brésil.

Rio de Janeiro et les autres points du Brésil voisins du tropique du capricorne nous ont donné *quatre-vingt-dix-huit* espèces dans les conditions suivantes :

Espèces propres à Rio de Janeiro et aux régions tropicales seulement		79	
(De ce nombre, 41 s'étendent du tropique du Cancer à celui du Capricorne.)			
Espèces de Rio de Janeiro communes :	à la Plata seulement	2	19
	à la Plata et à la Patagonie	9	
	à la Patagonie et aux Antilles	8	

Nous rencontrons ici des résultats plus rapprochés de ceux obtenus en Patagonie, que de ceux donnés par la faune de la Plata. En effet, si l'on réunit les espèces de Rio de Janeiro aux espèces qui, spéciales aux régions chaudes, s'étendent de ce point jusqu'aux Antilles, on aura un total de *soixante-dix-neuf* pour les espèces propres à ces régions, ou les trois quarts de l'ensemble. On s'aperçoit dès lors qu'une faune spéciale aux régions tropicales commence à se montrer à Rio de Janeiro, et que, malgré l'action considérablement affaiblie des courans, leur influence continue, jointe à l'unité de température, donne, dans la faune nouvelle l'énorme nombre de *quarante-et-une* espèces, qui occupent toute l'étendue des régions chaudes du tropique du capricorne au tropique du cancer, sur un espace de quarante-six degrés en latitude.[1]

Maintenant, si, pour mieux grouper les faits, nous réunissons les espèces des îles Malouines, du détroit de Magellan, de la Patagonie septentrionale, et même de la Plata, dans une seule zone, que nous nommerons *tempérée*, et les espèces de Rio de Janeiro et du Brésil tropical dans une zone que nous appelons *chaude;* nous aurons les résultats suivans :

Espèces propres aux régions tempérées	82	101
Espèces communes aux régions tempérées et chaudes	19	
Espèces propres aux régions chaudes	79	98
Espèces communes aux régions chaudes et tempérées	19	

De cet ensemble purement numérique il résulte le fait désormais acquis à la science, que, dans l'Océan atlantique, la faune des régions tempérées est un peu plus nombreuse que la faune des régions chaudes, ce qui tient évidemment au petit nombre de recherches faites jusqu'à présent sur les côtes du Brésil. Il résulte encore, ce qui est plus positif et d'une plus grande importance, que chacune de ces régions possède trois ou quatre fois plus d'espèces propres que d'espèces communes.

Avant de chercher à déduire les conséquences naturelles de ces faits, nous examinerons comparativement, dans le même ordre, les faunes côtières américaines du grand Océan, pour nous assurer, si, malgré la différence de composition spécifique, elles donnent des résultats identiques.

FAUNE CÔTIÈRE AMÉRICAINE DU GRAND OCÉAN.

Nous allons également subdiviser l'ensemble par cantons géographiques, en rapport avec la température déterminée par la latitude.

1. Les légères différences de résultats qu'on peut remarquer entre ces généralités et le mémoire sur le même sujet, que nous avions présenté à l'Académie des sciences en 1843, et qui est imprimé dans les *Annales des sciences naturelles*, proviennent du plus grand nombre de matériaux discutés ici, et des limites géographiques qu'un travail spécial sur les Antilles nous a permis d'étendre beaucoup plus vers le nord.

Faune côtière du Chili.

Les espèces de Concepcion, de Valparaiso, et de Coquimbo du Chili, réunies ensemble, puisqu'elles sont pour ainsi dire les mêmes partout, nous ont donné *quatre-vingt-treize* espèces, ainsi réparties :

Espèces propres au Chili			63
Espèces du Chili communes :	à Cobija et Arica seulement	11	30
	à Cobija, à Arica et au Callao[1]	19	

Les espèces propres au Chili sont du double plus nombreuses que les espèces communes aux régions plus chaudes. De ces dernières, *trente* se trouvent sur le littoral compris entre le 34.e et le 20.e degré de latitude sud, parmi lesquelles *dix-neuf*, plus largement réparties encore, s'étendent, en suivant, dans toute leur étendue, les grands courans généraux de la côte, du 34.e au 12.e degré, ou sur l'immense espace de vingt-deux degrés en latitude.

Faune côtière de Cobija et d'Arica.

Les coquilles recueillies par nous à Cobija (Bolivia) et à Arica (Pérou), c'est-à-dire du 19.e au 22.e degré de latitude sud, nous ont offert le total de *soixante-seize* espèces dans les conditions suivantes :

Espèces spéciales à Cobija et Arica			30
Espèces d'Arica et de Cobija communes :	au Chili seulement	11	46
	au Callao seulement	16	
	au Chili et au Callao	19	

Il résulte des chiffres ci-dessus, que sur ce total, *trente* ou beaucoup moins que la moitié, seraient spéciales à ces localités, tandis que *quarante-six* seraient voyageuses. Il s'agit maintenant de savoir par les rapports de nombre des espèces communes avec les parties plus au sud, ou les parties plus au nord, si l'on doit considérer cette faune locale comme appartenant aux régions chaudes ou tempérées. Par la latitude du 19.e au 23.e degré, elle dépend évidemment des premières, tandis que les courans qui refroidissent beaucoup la mer qui baigne les côtes, pourraient la faire regarder

---

1. Ces espèces sont les suivantes, comme on peut le vérifier au tableau : *Cavolina inca*, *Littorina peruviana*, *Trochus ater*, *T. luctuosus*, *Purpura xanthostoma*, *Triton scaber*, *Infundibulum trochiforme*, *Crepidula dilatata*, *Siphonaria Lessonii*, *Fissurella limbata*, *Helcion scurra*, *H. scutum*, *Chiton peruvianus*, *Ch. Cumingii*, *Ch. granosus*, *Ch. Swainsonii*, *Pecten purpuratus*, *Pholas chiloensis*, *Venus costellata*, *V. pannosa*, *Mytilus granulatus*.

comme une dépendance des régions tempérées. Ici les chiffres ne tranchent nullement la difficulté, puisque sur *quarante-six* espèces transportées par les courans, *trente-cinq* sont, en même temps, du Callao et *trente* de Valparaiso. Les différences n'étant pas assez marquées, nous devons considérer cette faune comme purement intermédiaire et comme une dépendance d'un même ensemble de causes.

Faune côtière du Callao.

Nous avons réuni au Callao, port de Lima, situé au 12.ᵉ degré de latitude sud, *cinquante-neuf* espèces de coquilles, ainsi distribuées :

Espèces propres au Callao			23[1]
Espèces du Callao communes :	à Arica et à Valparaiso	19	36
	à Arica seulement	16	
	à Payta	1	

Sur ce point, ainsi qu'à Cobija et à Arica, nous trouvons les espèces propres en nombre inférieur à celui des espèces communes; mais ces espèces communes, à l'exception d'une seule, dépendent des régions plus froides, ce qui démontrerait que les conditions d'existence n'y ont pas encore changé; résultat tout à fait différent du résultat obtenu de l'autre côté de l'Amérique par la même latitude. Ici les espèces communes au Chili font presque la moitié de la faune, et se trouvent sur une surface de vingt-deux degrés en latitude, en traversant toutes les zones de latitude. Elles prouveraient que les courans généraux, en apportant constamment des eaux froides jusque bien avant sur les régions tropicales, ont déterminé cette exception remarquable, sur laquelle nous comptons revenir, afin de l'expliquer; mais nous croyons en attendant que, malgré la latitude où se trouve le Callao, la faune côtière de ce point est encore une dépendance des zones tempérées.

Faune côtière de Payta, de Guayaquil, etc.

En réunissant dans un seul groupe toutes les coquilles recueillies à l'Ambayeque, dans les îles de los Lobos, à Payta et à Tumbez à l'extrémité nord du Pérou, dans la grande baie de Guayaquil, à l'île de la Puna, à

1. Dans notre premier mémoire le chiffre des espèces spéciales s'élevait à 40. Il y avait une erreur juste du double, puisque le nombre devait être 20. Nous signalons cette erreur pour expliquer la différence des résultats à laquelle elle conduit.

Santa Elena, à Solango, à Monte-Cristi, dans la république de l'Équateur, ou pour mieux dire, sur toutes les régions chaudes de l'Amérique méridionale, situées en dehors de l'action des grands courans généraux qui marchent du Sud au Nord, nous aurons l'immense total de *deux cent quatre-vingt-deux* espèces, ainsi distribuées :

Espèces propres	à Payta et aux autres points du Pérou	89	281
	à Guayaquil et aux autres points de l'Équateur.	192	
Espèces communes au Callao.			1

Lorsqu'on a vu sur toutes les côtes méridionales du grand Océan, un bon nombre d'espèces habiter tous les points du 34.e degré jusqu'au 12.e, et dès lors des régions tempérées jusqu'à onze degrés en dedans de la zone tropicale, on a lieu de s'étonner que la comparaison des espèces de mollusques côtiers de Payta et des autres points voisins, avec ceux du Callao, à peine distant de huit degrés sur une même zone chaude, accuse d'aussi grands changemens de répartition. En effet, sur deux cent quatre-vingt-deux espèces une seule, à nous connue, paraît être commune aux deux points. Sans les intéressantes recherches de M. Duperrey, l'on aurait pu regarder ce fait comme une anomalie singulière, dont on eut en vain cherché l'explication; mais, en jetant les yeux sur sa carte du mouvement des eaux, on en trouve de suite la raison. Si l'on doit à l'influence des courans généraux cette large répartition d'un grand nombre d'espèces de mollusques côtiers sur vingt-deux degrés en latitude, c'est encore dans l'étude de ces mêmes moteurs qu'on peut chercher le motif de cette exception. Nous avons dit que les courans généraux partaient du Chili, et suivaient la côte du grand Océan jusqu'à huit à neuf degrés au sud de l'équateur, et tournaient ensuite brusquement à l'ouest, en se dirigeant vers les îles de la Société. La carte de M. Duperrey démontre très-clairement que les courans généraux du Sud au Nord s'arrêtent précisément entre le Callao et Payta, et qu'à Payta même le courant méridional n'existe déjà plus, les eaux ayant pris leur direction occidentale à plus d'un degré au sud de ce port. Ce fait, en donnant l'explication de la différence de composition spécifique des faunes respectives du Callao et de Payta, est encore d'une immense importance pour l'étude de la répartition des êtres côtiers; car il prouve que les courans ont plus de part même que la température aux lois qui président à leur distribution géographique.

Sans rien retrancher des considérations qui précèdent, si, comme nous l'avons fait pour l'Océan atlantique, nous groupons comparativement les espèces des régions tempérées, composées des faunes du Chili et du Pérou jusqu'au Callao et des espèces des régions chaudes, composées de la faune de Payta et des régions plus au nord de l'Amérique méridionale, sur les côtes du grand Océan, nous aurons les résultats suivans :

Espèces propres aux régions tempérées	164	165
Espèces communes aux régions chaudes et tempérées.	1	
Espèces propres aux régions chaudes.	281	282
Espèces communes aux régions chaudes et tempérées.	1	

Ce résultat nous donne, en espèces propres aux régions tempérées et aux régions chaudes, un bien plus grand nombre encore que dans l'Océan atlantique, puisque c'est à peine s'il y a des espèces communes; mais comme on l'a vu, ces résultats spéciaux proviennent évidemment de causes particulières déterminées par l'action plus marquée des courans généraux. Dès lors en nous résumant, abstraction faite des causes locales que nous venons de signaler, les deux côtes de l'Amérique méridionale ont donné des résultats numériques à peu près identiques. On voit, par exemple, que, malgré l'influence active des courans qui tendent à répandre partout les mêmes espèces, et à modifier la température du littoral, cette même température sert pourtant encore de limites aux faunes locales, en cantonnant toutes les espèces qui ne lui sont pas indifférentes.

CHAPITRE III.

Examen zoologique de la répartition géographique des espèces.

Avant de tirer les conséquences logiques de l'examen purement numérique des espèces de l'Amérique méridionale, nous croyons devoir comparer entre elles les formes zoologiques, afin de nous assurer quelle peut être l'influence de la configuration orographique des deux côtes sur la composition des genres de mollusques côtiers qui habitent respectivement le littoral du grand Océan ou de l'Océan atlantique.

Pour arriver à quelques résultats, nous allons présenter comparativement, dans le tableau suivant, les genres propres à chacun des Océans, et le nombre des espèces qui leur appartiennent.

MOLLUSQUES COTIERS DE L'AMÉRIQUE MÉRIDIONALE, PROPRES			
A L'OCÉAN ATLANTIQUE.		AU GRAND OCÉAN.	
NOMS DES GENRES.	NOMBRE DES ESPÈCES.	NOMS DES GENRES.	NOMBRE DES ESPÈCES.
GASTÉROPODES.		GASTÉROPODES.	
		Doris	5
Cavolina	1	*Cavolina*	1
		Diphyllidia	1
		Posterobranchus	1
Pleurobranchus	1		
Aplysia	1	*Aplysia*	3
		Bulla	1
Paludestrina	7	*Paludestrina*	3
		Turritella	2
Scalaria	3	*Scalaria*	4
Littorina	3	*Littorina*	3
		Rissoina	1
Chemnitzia	4	*Chemnitzia*	1
		Acteon	1
		Eulima	5
Natica	3	*Natica*	6
		Sigaretus	1

MOLLUSQUES COTIERS DE L'AMÉRIQUE MÉRIDIONALE, PROPRES			
A L'OCÉAN ATLANTIQUE.		AU GRAND OCÉAN.	
NOMS DES GENRES.	NOMBRE DES ESPÈCES.	NOMS DES GENRES.	NOMBRE DES ESPÈCES.
Neritina	2	*Neritina*	1
Trochus	3	*Trochus*	5
		Delphinula	1
		Turbo	1
		Cypræa	2
		Ovulum	1
Marginella	1	*Marginella*	1
Olivina	2	*Olivina*	1
		Oliva	1
		Conus	4
Olivancillaria	2		
Strombus	1		
Volutella	1		
Voluta	5		
		Mitra	17
		Cancellaria	5
Columbella	1	*Columbella*	16
Nassa	2	*Nassa*	6
Buccinanops	4		
Purpura	3	*Purpura*	9
Monoceros	1	*Monoceros*	3
Terebra	1	*Terebra*	2
Cerithium	2	*Cerithium*	3
Cassis	2		
Pleurotoma	2	*Pleurotoma*	17
Fusus	2	*Fusus*	2
Fasciolaria	1		
Turbinella	1	*Turbinella*	1
Triton	1	*Triton*	4
		Ranella	4
Murex	6	*Murex*	20
		Typhis	3
Vermetus	1		
		Capulus	3
		Calypeopsis	13
Infundibulum	1	*Infundibulum*	3
Crepidula	3	*Crepidula*	9
Siphonaria	2	*Siphonaria*	3

MOLLUSQUES COTIERS DE L'AMÉRIQUE MÉRIDIONALE, PROPRES

A L'OCÉAN ATLANTIQUE.		AU GRAND OCÉAN.	
NOMS DES GENRES.	NOMBRE DES ESPÈCES.	NOMS DES GENRES.	NOMBRE DES ESPÈCES.
Scissurella	1		
Rimula	1		
Fissurella	2	*Fissurella*	15
Fissurellidea	1		
Helcion	1	*Helcion*	2
Patella	2	*Patella*	6
Chiton	2	*Chiton*	33
		Dentalium	4
LAMELLIBRANCHES.		LAMELLIBRANCHES.	
Pholas	4	*Pholas*	9
Solen	1	*Solen*	2
Panopæa	1		
Mactra	6	*Mactra*	2
Periploma	3	*Periploma*	2
Lyonsia	2	*Lyonsia*	2
Thracia	1		
Saxicava	1	*Saxicava*	3
Solecurtus	1	*Solecurtus*	1
Lavignon	2	*Lavignon*	4
Donacilla	1	*Donacella*	1
Amphidesma	2	*Amphidesma*	10
Tellina	7	*Tellina*	18
		Arcopagia	1
Donax	2	*Donax*	3
		Solenella	1
Leda	1	*Leda*	8
Petricola	1	*Petricola*	8
Venus	13	*Venus*	32
Corbula	1	*Corbula*	4
Sphæna	1		
		Pandora	2
Astarte	1		
		Crassatella	1
Cardita	2	*Cardita*	7
Lucina	9		
		Erycina	1
Cardium	3	*Cardium*	9

MOLLUSQUES COTIERS DE L'AMÉRIQUE MÉRIDIONALE, PROPRES			
A L'OCÉAN ATLANTIQUE.		AU GRAND OCÉAN.	
NOMS DES GENRES.	NOMBRE DES ESPÈCES.	NOMS DES GENRES.	NOMBRE DES ESPÈCES.
Nucula	2	*Nucula*	3
Pectunculus	2	*Pectunculus*	6
Arca	2	*Arca*	21
Pinna	2		
Mytilus	11	*Mytilus*	6
Lithodomus	1	*Lithodomus*	1
		Lima	2
Avicula	1		
Pecten	2	*Pecten*	4
		Janira	1
		Spondylus	2
		Chama	2
Plicatula	1		
Ostrea	2	*Ostrea*	1
		Anomya	1
		Placunomia	1
Terebratula	3	*Terebratula*	2
		Lingula	2
		Orbicula	2

RÉCAPITULATION.

Genres qui se trouvent des deux côtés de l'Amérique à la fois	55	110 genres.
Genres qui se trouvent d'un seul côté	55	
Sur ce nombre :		
Genres existans sur la côte américaine du grand Océan	89	110 —
Genres qui manquent dans le grand Océan et se trouvent de l'autre côté.	21	
Genres existans sur la côte américaine de l'Océan atlantique	76	110 —
Genres qui manquent dans l'Océan atlantique et se trouvent de l'autre côté.	34	

Abstraction faite de l'influence accidentelle des courans, lorsqu'on voit, des deux côtés de l'Amérique méridionale, les faunes locales subir, en marchant du Sud au Nord, les mêmes influences de chaleur sur la répartition géographique, on devrait s'attendre, s'il n'y avait pas d'autres causes perturbatrices, à les trouver composées à peu près des mêmes éléments zoologiques.

Il n'en est pourtant pas ainsi, puisqu'on y remarque, au contraire, des différences énormes d'un côté à l'autre. En effet, le rapport des gastéropodes aux lamellibranches est, dans l'Océan atlantique, de 180 à 95, tandis que, dans le grand Océan, il est de 449 à 188. Il y aurait déjà infiniment plus de gastéropodes que de lamellibranches dans le grand Océan, ce qui ne peut s'expliquer que par des conditions d'existence plus favorables.

Sur *cent dix* genres que nous avons cités dans le tableau comme étant propres au littoral de l'Amérique méridionale, *cinquante-cinq*, ou juste la moitié, ne se trouvent que d'un côté à la fois, tandis que le même nombre est commun aux deux mers. Si nous cherchons par l'observation quelles sont les conditions d'existence qui déterminent cette répartition, nous les trouverons toutes dans la disposition orographique des côtes.

Sur le littoral du grand Océan, les Cordillères étant très-près de la mer, les côtes y sont très-abruptes et fortement inclinées, les rochers bien plus nombreux que les plages sablonneuses. Il doit donc y avoir plus de gastéropodes que de lamellibranches, et les genres qui dominent par leurs espèces doivent principalement vivre sur des rochers. C'est ce qu'on observe, en effet, les genres *Doris, Mitra, Colombella, Pleurotoma, Purpura, Fissurella, Murex, Arca, Petricola* et *Chiton*, essentiellement des rochers, montrant un plus grand nombre d'espèces que les autres, et la plupart des genres spéciaux, tels que: les *Doris*, les *Diphyllides*, les *Posterobranchus*, les *Rissoina*, les *Delphinula*, les *Turbo*, les *Cypræa*, les *Ovulum*, les *Conus*, les *Mitra*, les *Cancellaria*, les *Ranella*, les *Typhis*, les *Capulus*, les *Calypeopsis*, les *Dentalium*, les *Erycina*, les *Lima*, les *Janira*, les *Spondylus*, les *Chama*, les *Anomia*, les *Placunomia*, les *Lingula*, les *Orbicula* ou *vingt-cinq* sur *trente-quatre*, sont propres seulement aux côtes rocailleuses, ou aux graviers qui les avoisinent.

Sur le versant qui regarde l'Océan atlantique, les terrains, en partant de la Cordillère, s'abaissent lentement vers la côte, où ils forment des pentes douces, qui se continuent au loin dans la mer à tel point, qu'à plus d'un degré de distance on trouve encore le sol par une profondeur peu considérable[1]. Il en résulte que les mollusques côtiers doivent être principalement des plages sablonneuses et des golfes tranquilles. C'est, en effet, ce qui arrive. Les

1. Sur toute la côte comprise entre la péninsule de San-José en Patagonie et l'île Sainte-Catherine on rencontre le fond souvent à plus d'un degré du littoral, par une profondeur moindre de cinquante mètres.

Buccinanops, les *Voluta*, les *Paludestrina*, les *Mactra*, etc., qui y sont très-communes, habitent seulement des parages de cette nature, et parmi les genres qui y sont spéciaux et manquent au grand Océan; les *Voluta*, les *Volutella*, les *Buccinanops*, les *Cassis*, les *Fissurellidea*, les *Panopæa*, les *Thracia*, les *Sphæna*, les *Astarte*, les *Lucina*, les *Pinna*, etc., sont propres seulement aux fonds de sable ou de sable vaseux.

Il résulte clairement des faits précédens que, par les conditions d'existence plus ou moins favorables qu'elle offre aux êtres côtiers, la configuration orographique du littoral exerce une immense influence sur la composition zoologique des faunes respectives qui habitent les côtes. L'Amérique méridionale sur ses deux versans, l'un abrupte, l'autre à pente douce, en offre, par les mollusques côtiers qui y vivent, une preuve incontestable, puisque les différences provenant de cette seule cause, sont aussi marquées que les rapports résultant de l'influence parallèle des zones de latitude, que traversent également les faunes locales du grand Océan et de l'Océan atlantique.

CHAPITRE IV.

Déductions générales et conclusions.

Après avoir passé successivement en revue toutes les causes partielles qui agissent simultanément ou contrairement sur la distribution géographique des mollusques côtiers, nous avons reconnu que trois séries d'influences ont une action puissante sur cette répartition : d'abord les courans généraux, puis la température, et, enfin, la disposition orographique des côtes.

Influence des courans généraux.

On pouvait croire *à priori* que, se partageant en deux sur les régions froides de l'extrémité de l'Amérique méridionale, et suivant parallèlement aux côtes, du Sud au Nord, le littoral du grand Océan et de l'Océan atlantique, les courans généraux devaient agir puissamment sur la répartition des faunes côtières. L'observation a complétement justifié cette opinion.

Les courans généraux, par leur action continuelle dans une même direction, tendent évidemment à répandre, sur tous les points du littoral où ils passent, les mollusques côtiers qui peuvent supporter une grande différence de température. Ils peuvent aussi, en transportant des eaux froides vers des points où la zone de latitude devait donner une température élevée, changer tout à fait la nature des faunes.

Le *Siphonaria Lessonii*, qui suit, en effet, à la fois, les deux côtés de l'Amérique, depuis leur point de départ, sur toute l'extension des courans, en est une preuve.

Dans l'Océan atlantique, huit espèces suivent les courans généraux des côtes de la Patagonie jusqu'aux Antilles, où, sur l'immense étendue de soixante-six degrés en latitude, neuf en parcourent seulement vingt, de la Patagonie aux limites tropicales.

Dans le grand Océan dix-neuf espèces habitent, sous cette influence, vingt-deux degrés en latitude, en traversant plusieurs zones de chaleur différente, tandis qu'elles cessent d'exister aux dernières limites septentrionales de ces mêmes courans, comme on l'a vu pour la faune du Callao.

Une preuve incontestable de cette action des courans se trouve dans la limite d'habitation des êtres côtiers qu'ils transportent, par rapport à la latitude.

Les courans de l'Océan atlantique perdent au 34.ᵉ degré leur force continuelle; aussi la faune tropicale commence-t-elle à paraître au 23.ᵉ degré, et la faune des régions tempérées ne montre plus au delà que quelques espèces plus indifférentes à la température.

Les courans du grand Océan conservent, au contraire, la même force jusqu'au delà du 12.ᵉ degré de latitude, en portant avec violence du Sud au Nord des eaux froides partout où ils passent. Il en résulte que les espèces de mollusques côtiers des régions tempérées y sont transportées jusqu'à douze degrés en dedans du tropique du capricorne. On doit donc attribuer aux courans généraux cette influence d'inégale valeur qui porte les mollusques côtiers des régions froides et tempérées d'un côté jusqu'à neuf degrés seulement en dedans des tropiques, et de l'autre jusqu'à la fin de la zone équatoriale de hémisphère opposé.

Si l'action incessante des courans est, le plus souvent, d'étendre les limites des faunes côtières, il leur est, au contraire, quelquefois réservé de les limiter.

On doit, par exemple, à l'action combinée des courans et de la température, la séparation de toutes les espèces des deux faunes parallèles de l'Amérique méridionale, l'une propre au grand Océan, l'autre à l'Océan atlantique. Ce sont évidemment ces courans glacés du grand Océan, venant du pôle et contournant l'extrémité du cap Horn, qui, en passant dans l'Océan atlantique, séparent nettement les deux faunes américaines.

On doit, sans doute, la faune toute spéciale des îles Malouines au bras du courant qui du cap Horn passe à ces îles, sans rejoindre ensuite le continent.

Le fait le plus important est, sans contredit, celui que nous avons observé entre le Callao et Payta (Pérou). En effet, tant que les courans généraux suivent du Sud au Nord les côtes du grand Océan, ils refroidissent tellement les eaux qui les baignent, que les mollusques des régions froides et tempérées sont portés jusqu'à neuf degrés en dedans du tropique du capricorne, mais entre le Callao et Payta, à l'instant où les courans tournent brusquement à l'Ouest et abandonnent les côtes américaines, l'action de la température reprend immédiatement son influence, et l'on trouve de suite une faune tout à fait différente, propre aux régions chaudes.

En résumant ces résultats opposés les uns aux autres, on voit clairement que si, par la continuité de leur action, les courans tendent à répandre les mollusques côtiers en dehors de leurs limites naturelles de latitude, ainsi qu'on le voit sur les deux côtes de l'Amérique méridionale, lorsqu'ils s'éloignent du continent, comme aux Malouines, lorsqu'ils doublent un cap avancé vers le pôle, comme au cap Horn, ou encore lorsqu'ils abandonnent brusquement les côtes dans des régions chaudes, comme ils le font au nord du Callao, on leur doit, au contraire, l'isolement et le cantonnement des faunes locales.

Influence de température ou de latitude.

Nous avions pensé, *à priori*, que la pointe très-prononcée vers le pôle qui, dans l'Amérique méridionale, sépare nettement l'Océan atlantique du grand Océan, amènerait, comme barrière naturelle de température entre les faunes de mollusques côtiers propres à chacun d'eux, des différences notables dans la composition des faunes respectives. L'observation a pleinement confirmé cette opinion.

On voit, par exemple, que, sur *six cent vingt-huit* espèces de mollusques côtiers de l'Amérique méridionale, une seule est commune aux deux océans, tandis que toutes les autres sont, au contraire, spéciales soit au grand Océan, soit à l'Océan atlantique. Néanmoins ces résultats inattendus se compliquent évidemment, comme nous l'avons dit, des influences dues aux courans généraux; car la température n'aurait pas, à elle seule, une aussi puissante action. En effet, ces deux causes se contrarient le plus ordinairement dans leur action respective; mais dans cette circonstance, par une exception remarquable, elles agissent simultanément aux régions les plus méridionales, en séparant plus nettement encore les faunes côtières des deux océans.

Si, dans quelques cas, les courans généraux tendent à répandre les êtres côtiers sur tout leur cours, la température a l'influence contraire de cantonner les espèces en des limites plus ou moins restreintes, suivant les variations de température qu'elles peuvent supporter.

On en a la preuve par le nombre des mollusques propres aux différens points de la côte des deux océans, soumis à l'action incessante des courans.

On l'a plus positive encore par le nombre élevé des espèces propres aux deux points extrêmes de la distance baignée par les courans, puisque, dans le grand Océan, les espèces propres aux régions tempérées sont le double, et que les espèces des régions chaudes sont près de la moitié des espèces voyageuses; que, dans l'Océan atlantique, les espèces propres aux régions tempérées et chaudes sont quatre fois plus nombreuses que les espèces communes aux deux régions à la fois.

La preuve la plus remarquable se trouve surtout dans la différence subite qu'on remarque entre la composition des faunes locales de Payta, et celles des parties situées au Sud. En effet, dès que l'action incessante des courans ne se fait plus sentir, la température reprend de suite toute son influence, et une faune différente et spéciale aux régions chaudes commence à se montrer.

En nous résumant, les faits nombreux qui précèdent montrent que, malgré l'influence active des courans, l'action passive de la chaleur se fait partout sentir d'une manière très-marquée, par le cantonnement des espèces en des limites de latitude, plus ou moins restreintes, des deux côtés de l'Amérique méridionale.

Influence due à la configuration orographique des côtes.

De la différence de configuration des côtes de l'Amérique méridionale, en pentes abruptes et rocheuses sur le grand Océan, et en pentes douces, souvent sablonneuses, sur l'Océan atlantique, on pouvait déduire, *à priori*, une influence marquée sur la composition zoologique des faunes respectives. Ici encore les faits l'ont prouvée jusqu'à la dernière évidence.

Le rapport de nombre des mollusques gastéropodes et des lamellibranches entre les deux mers, toujours plus élevé dans le grand Océan, en est une conséquence.

Le rapport du nombre des genres spéciaux ou communs aux deux mers le démontre, puisque la moitié de l'ensemble ne se trouve que dans l'un des océans.

D'un autre côté, il est facile de se convaincre que les genres qui dominent dans le grand Océan, vivent principalement sur les rochers, tandis que ceux de l'Océan atlantique, qui manquent au versant occidental, habitent seulement les fonds de sable ou de sable vaseux.

En résumé, la différence de configuration orographique du littoral des deux océans qui baignent l'Amérique méridionale, exerce, par les conditions d'existence plus ou moins favorables qu'elle offre aux mollusques côtiers, suivant leurs genres, une immense influence sur la composition zoologique des faunes qui les habitent.

Nous dirons encore, comme fait négatif, que les plus grands affluens, à en juger du moins par la Plata, dont l'embouchure a *cent vingt-huit kilomètres* de largeur, n'influent en rien sur la composition des faunes marines qui habitent leurs environs.

De l'ensemble des trois genres d'influences combinées, les courans, la température et la configuration des côtes, on peut déduire avec certitude, que les lois qui président à la distribution géographique des mollusques côtiers, tout en dépendant de ces trois ordres de faits, peuvent être réduites à deux actions contraires :

L'une, les courans, qui, dans certaines circonstances, tendent à répandre partout où ils passent, les espèces indifférentes à la température;

L'autre, plus générale, dépendant encore des courans, de la température et de la configuration orographique, qui tendent, au contraire, à restreindre ou à *cantonner* les êtres en des limites plus ou moins larges.

Conclusions et déductions paléontologiques.

L'étude de tous les faits que nous avons pu observer dans l'Amérique méridionale, sur la distribution géographique des mollusques côtiers, nous amène naturellement aux conclusions suivantes, qui s'appliquent immédiatement aux faunes paléontologiques des terrains tertiaires, mais des terrains tertiaires seulement, car dans les faunes antérieures l'action du cantonnement, déterminée par la latitude, était neutralisée par la chaleur propre au globe terrestre.

1.° Deux mers voisines, communiquant entre elles, mais séparées seulement par un cap avancé vers le pôle, peuvent avoir leurs faunes côtières distinctes.

2.° Il peut exister en même temps, par la seule action de la température dans le même océan et sur le même continent, des faunes côtières distinctes, suivant les diverses zones de latitude.

3.° Sous la même zone de température, sur des côtes voisines d'un même continent, les courans peuvent déterminer des faunes côtières particulières.

4.° Une faune distincte de la faune côtière du continent le plus voisin, peut exister sur un archipel, lorsque les courans viennent l'isoler.

5.° Des faunes côtières distinctes, ou du moins très-différentes entre elles, peuvent se montrer sur des côtes voisines, par la seule action de la configuration orographique.

6.° Lorsqu'on trouve les mêmes espèces sur une immense étendue en latitude, dans un même bassin, les courans en seront la cause.

7.° Les espèces identiques entre deux bassins voisins annoncent des communications directes entre eux.

8.° Les plus grands affluens ne paraissent pas avoir d'influence sur la composition des faunes marines voisines.

Nous terminerons par une comparaison paléontologique. Nous avons dit, qu'à l'exception d'une espèce commune aux deux mers américaines, toutes les autres étaient, dans la faune actuelle, propres, soit à l'Océan atlantique, soit au grand Océan, et que l'ensemble des genres était très-différent dans les deux mers. La comparaison de ces résultats avec les déductions tirées de l'ensemble des coquilles fossiles des terrains tertiaires les plus inférieurs de l'Amérique méridionale[1] prouve que ces derniers, tout en différant spécifiquement, sont néanmoins dans les mêmes conditions géographiques que la faune actuelle.

Ne pourrait-on pas en conclure, qu'à l'époque où se formaient les terrains tertiaires de l'Amérique méridionale, la température, les courans, la conformation orographique avaient les mêmes influences qu'aujourd'hui? Dès lors il serait permis de croire que la Cordillère avait, à cette époque géologique, assez de relief pour former, sur une vaste échelle, une barrière entre les deux mers, et que, depuis cette époque, le continent méridional n'a pas changé de forme.

---

1. Voyez la Paléontologie spéciale de mon *Voyage dans l'Amérique méridionale*, p. 139.

www.ingramcontent.com/pod-product-compliance
Ingram Content Group UK Ltd.
Pitfield, Milton Keynes, MK11 3LW, UK
UKHW022143190726
13855UKWH00003B/1308